海上絲綢之路基本文獻叢書

嶺海異聞
渡海輿記

〔明〕蔡汝賢 撰／〔清〕郁永河 撰

文物出版社

圖書在版編目（CIP）數據

嶺海異聞 / （明）蔡汝賢撰．渡海輿記 /（清）郁永河撰．-- 北京 : 文物出版社，2022.6
（海上絲綢之路基本文獻叢書）
ISBN 978-7-5010-7547-8

Ⅰ．①嶺… ②渡… Ⅱ．①蔡… ②鬱… Ⅲ．①自然資源－介紹－廣東②自然資源－介紹－廣西③歷史地理－史料－臺灣－清代 Ⅳ．① P966.265 ② P966.267 ③ K928.649

中國版本圖書館 CIP 數據核字（2022）第 064767 號

海上絲綢之路基本文獻叢書

嶺海異聞・渡海輿記

著　　者：〔明〕蔡汝賢　〔清〕郁永河
策　　划：盛世博閱（北京）文化有限責任公司

封面設計：鞏榮彪
責任編輯：劉永海
責任印製：張道奇

出版發行：文物出版社
社　　址：北京市東城區東直門内北小街 2 號樓
郵　　編：100007
網　　址：http://www.wenwu.com
郵　　箱：web@wenwu.com
經　　銷：新華書店
印　　刷：北京旺都印務有限公司
開　　本：787mm×1092mm　1/16
印　　張：12.375
版　　次：2022 年 6 月第 1 版
印　　次：2022 年 6 月第 1 次印刷
書　　號：ISBN 978-7-5010-7547-8
定　　價：90.00 圓

總緒

海上絲綢之路，一般意義上是指從秦漢至鴉片戰争前中國與世界進行政治、經濟、文化交流的海上通道，主要分爲經由黄海、東海的海路最終抵達日本列島及朝鮮半島的東海航綫和以徐聞、合浦、廣州、泉州爲起點通往東南亞及印度洋地區的南海航綫。

在中國古代文獻中，最早、最詳細記載『海上絲綢之路』航綫的是東漢班固的《漢書·地理志》，詳細記載了西漢黄門譯長率領應募者入海『齎黄金雜繒而往』之事，書中所出現的地理記載與東南亞地區相關，并與實際的地理狀况基本相符。

東漢後，中國進入魏晉南北朝長達三百多年的分裂割據時期，絲路上的交往也走向低谷。這一時期的絲路交往，以法顯的西行最爲著名。法顯作爲從陸路西行到印度，再由海路回國的第一人，根據親身經歷所寫的《佛國記》（又稱《法顯傳》）一書，詳細介紹了古代中亞和印度、巴基斯坦、斯里蘭卡等地的歷史及風土人情，是瞭解和研究海陸絲綢之路的珍貴歷史資料。

隨着隋唐的統一，中國經濟重心的南移，中國與西方交通以海路爲主，海上絲綢之路進入大發展時期。廣州成爲唐朝最大的海外貿易中心，朝廷設立市舶司，專門管理海外貿易。唐代著名的地理學家賈耽（七三〇～八〇五年）的《皇華四達記》記載了從廣州通往阿拉伯地區的海上交通『廣州通夷道』，詳述了從廣州港出發，經越南、馬來半島、蘇門答臘半島至印度、錫蘭，直至波斯灣沿岸各國的航綫及沿途地區的方位、名稱、島礁、山川、民俗等。譯經大師義净西行求法，將沿途見聞寫成著作《大唐西域求法高僧傳》，詳細記載了海上絲綢之路的發展變化，是我們瞭解絲綢之路不可多得的第一手資料。

宋代的造船技術和航海技術顯著提高，指南針廣泛應用於航海，中國商船的遠航能力大大提升。北宋徐兢的《宣和奉使高麗圖經》詳細記述了船舶製造、海洋地理和往來航綫，是研究宋代海外交通史、中朝友好關係史、中朝經濟文化交流史的重要文獻。南宋趙汝適《諸蕃志》記載，南海有五十三個國家和地區與南宋通商貿易，形成了通往日本、高麗、東南亞、印度、波斯、阿拉伯等地的『海上絲綢之路』。宋代爲了加强商貿往來，於北宋神宗元豐三年（一〇八〇年）頒佈了中國歷史上第一部海洋貿易管理條例《廣州市舶條法》，并稱爲宋代貿易管理的制度範本。

元朝在經濟上採用重商主義政策，鼓勵海外貿易，中國與歐洲的聯繫與交往非常頻繁，其中馬可•波羅、伊本•白圖泰等歐洲旅行家來到中國，留下了大量的旅行記，記録元代海上絲綢之路的盛况。元代的汪大淵兩次出海，撰寫出《島夷志略》一書，記録了二百多個國名和地名，其中不少首次見於中國著録，涉及的地理範圍東至菲律賓群島，西至非洲。這些都反映了元朝時中西經濟文化交流的豐富内容。

明、清政府先後多次實施海禁政策，海上絲綢之路的貿易逐漸衰落。但是從明永樂三年至明宣德八年的二十八年裏，鄭和率船隊七下西洋，先後到達的國家多達三十多個，在進行經貿交流的同時，也極大地促進了中外文化的交流，這些都詳見於《西洋蕃國志》《星槎勝覽》《瀛涯勝覽》等典籍中。

關於海上絲綢之路的文獻記述，除上述官員、學者、求法或傳教高僧以及旅行者的著作外，自《漢書》之後，歷代正史大都列有《地理志》《四夷傳》《西域傳》《外國傳》《蠻夷傳》《屬國傳》等篇章，加上唐宋以來衆多的典制類文獻、地方史志文獻，集中反映了歷代王朝對於周邊部族、政權以及西方世界的認識，都是關於海上絲綢之路的原始史料性文獻。

海上絲綢之路概念的形成，經歷了一個演變的過程。十九世紀七十年代德國地理學家費迪南·馮·李希霍芬（Ferdinad Von Richthofen，一八三三～一九〇五），在其《中國：親身旅行和研究成果》第三卷中首次把輸出中國絲綢的東西陸路稱爲『絲綢之路』。有『歐洲漢學泰斗』之稱的法國漢學家沙畹（Édouard Chavannes，一八六五～一九一八），在其一九〇三年著作的《西突厥史料》中提出『絲路有海陸兩道』，蘊涵了海上絲綢之路最初提法。迄今發現最早正式提出『海上絲綢之路』一詞的是日本考古學家三杉隆敏，他在一九六七年出版《中國瓷器之旅：探索海上的絲綢之路》中首次使用『海上絲綢之路』一詞；一九七九年三杉隆敏又出版了《海上絲綢之路》一書，其立意和出發點局限在東西方之間的陶瓷貿易與交流史。

二十世紀八十年代以來，在海外交通史研究中，『海上絲綢之路』一詞逐漸成爲中外學術界廣泛接受的概念。根據姚楠等人研究，饒宗頤先生是華人中最早提出『海上絲綢之路』的人，他的《海道之絲路與昆侖舶》正式提出『海上絲路』的稱謂。選堂先生評價海上絲綢之路是外交、貿易和文化交流作用的通道。此後，大陸學者馮蔚然在一九七八年編寫的《航運史話》中，使用『海上絲綢之路』一詞，這是迄今學界查到的中國大陸最早使用『海上絲綢之路』的人，更多地限於航海活動領域的考察。一九八〇年北京大學陳炎教授提出『海上絲綢之路』研究，并於一九八一年發表《略論海上絲綢之路》一文。他對海上絲綢之路的理解超越以往，且帶有濃厚的愛國主義思想。陳炎教授之後，從事研究海上絲綢之路的學者越來越多，尤其沿海港口城市向聯合國申請海上絲綢之路非物質文化遺産活動，將海上絲綢之路研究推向新高潮。另外，國家把建設『絲綢之路經濟帶』和『二十一世紀海上絲綢之路』作爲對外發展方針，將這一學術課題提升爲國家願景的高度，使海上絲綢之路形成超越學術進入政經層面的熱潮。

與海上絲綢之路學的萬千氣象相對應，海上絲綢之路文獻的整理工作仍顯滯後，遠遠跟不上突飛猛進的研究進展。二〇一八年厦門大學、中山大學等單位聯合發起『海上絲綢之路文獻集成』專案，尚在醖釀當中。我們不揣淺陋，深入調查，廣泛搜集，將有關海上絲綢之路的原始史料文獻和研究文獻，分爲風俗物産、雜史筆記、海防海事、典章檔案等六個類別，彙編成《海上絲綢之路歷史文化叢書》，於二〇二〇年影印出版。此輯面市以來，深受各大圖書館及相關研究者好評。爲讓更多的讀者親近古籍文獻，我們遴選出前編中的菁華，彙編成《海上絲綢之路基本文獻叢書》，以單行本影印出版，以饗讀者，以期爲讀者展現出一幅幅中外經濟文化交流的精美畫卷，爲海上絲綢之路的研究提供歷史借鑒，爲『二十一世紀海上絲綢之路』倡議構想的實踐做好歷史的詮釋和注脚，從而達到『以史爲鑒』『古爲今用』的目的。

凡例

一、本編注重史料的珍稀性，從《海上絲綢之路歷史文化叢書》中遴選出菁華，擬出版百册單行本。

二、本編所選之文獻，其編纂的年代下限至一九四九年。

三、本編排序無嚴格定式，所選之文獻篇幅以二百餘頁爲宜，以便讀者閱讀使用。

四、本編所選文獻，每種前皆注明版本、著者。

五、本編文獻皆爲影印，原始文本掃描之後經過修復處理，仍存原式，少數文獻由於原始底本欠佳，略有模糊之處，不影響閱讀使用。

六、本編原始底本非一時一地之出版物，原書裝幀、開本多有不同，本書彙編之後，統一爲十六開右翻本。

目録

嶺海異聞

嶺海異聞一卷　續聞一卷

〔明〕蔡汝賢　撰

明刻本

嶺海異聞

狁音户浪切音項竉

狁人屬出於暹羅之崛巄短小精悍圓目而黄睛性絶專憝不識金帛木食如猿猱古機蒙容者率數十巢盖舉族所聚也語咿嚶不可辯山居夷獠每諳其性常馴擾以備驅使蒙以敝絮食以⿰魚亞音鴉鮁音貝夷言小鹹魚可治痢疾下顆粒即愈服之忌醋犯則絶腸矣飲以漓酒即躍然喜似謂得所主者舉族受役至死不避雖歷世不更他姓

嘗後以採片腦鶴頂皆如期而獲其山多犀象主者利其齒角授以毒鏢狁挾以歸遇犀或象輒往刺之升木而匿犀象或怒且索毋得也後刻毒發而殪狁乃群聚呌嘯若誇其捷者相戒聚以守經月犀象且腐所遺如牙如角齒則負以數狁角乃一狁肩之以輸其主遇奪他姓亦至死弗畀也舶人編竹為籠紆深其制置所必由之徑機而取之以獻於夷王王大愛玩酬以蘇方木至數千斤猶衣

犺以番錦飼以嘉實置之爽塏犺以非其主終不附也然稍近煙火淚目死爾

○象

象嗜稼凡引類于田必次畝而食不亂蹂也未旬即數頃盡矣島夷以孫豚縛籠中懸諸深樹孫豚被縛喔喔不絕聲象聞而怖又引類而遁不敢近稼矣夫體巨而力強者物莫象若佛書言菩薩之力譬如龍象是匹龍也孫豚之聲乃怖而遁之島夷之術奇矣象足骨直

無虽曲處瞻隨四時周沠四腿鼻端有爪可拾鍼耳後有穴薄如皷皮一刺而斃認其子之皮則泣椎牙為世所用

海犀

海犀間出海上類野兕而額鼻有角與陸犀同所遊止處水為分裂夜則淵面白光熒熒此其異也島夷以是候之然竟無獲者遂為希世之物矣舊說温嶠燃犀照水神怪莫遯晉書温嶠傳嶠還武昌至牛渚磯水深不可測世云其下多怪物嶠遂燬犀角而照之須史見水族覆火奇形異狀或乘馬車著赤衣者嶠其夜夢人謂巳曰與君幽明道別何意

相照也意甚惡之後以齒疾終即其角也錢昱寶庫有水犀帶一具國亡流落人間不知所終云又野犀有名通天者角表夜光如炬亦奇物也夷堅續志

凡犀角遇山川日月草木隨寓成影月與魚等皆是常有獨宋韓魏公犀帶中央一片乃鹿衘花已是絕奇宋孝宗居德壽宮光宗上壽以萬緡賂海商得犀角一片是南極老人星像所扶杖稍短類拄杖或以為不祥之物遂却之今具星像者絕不可見鹿衘花則貴家間有之又廣州志犀角有烏犀花犀通天犀復通犀花犀者白地黑花通天犀黑地白花復通犀則通天犀白花中復有黑花此皆希世之寶也攷之宋仁宗以通天犀帶賜寇萊公萊公竟待以瞑目不為不重矣其辟寒犀駭鷄犀則傳聞亦罕開元天寶遺事開元

二年冬至交趾國進犀一株色黃如金使者請以金盤置於殿中溫溫然有暖氣襲人上問其故使者曰此辟寒犀也上甚悅厚賜之

○海馬

海馬色赤黃高者八九尺逸如飛龍山食而宅海蓋龍種也東南島夷老於泛海者間一見云昔人有得巨獸骨者以問沙門贊寧贊寧宋初僧為寺主太祖至寺行香問曰朕見佛拜是不拜是曰見在佛不拜過去佛大合帝意遂為定禮贊寧曰是為海馬骨水火俱不能毀惟漚以糟腐即爛矣試之果然前代緇流博

雅乃爾則名為大儒者其可及哉外一種海藥亦名海馬異物志云生西海大小如守宮蟲形似馬或云乃石形似馬者竊恐初為生物遇泥沙衝漬久漸成石如石蠏本生蠏所成耳以海馬有二名故著之

○海驢

海驢多出東海狀如驢舶賈有得其皮者毛長二寸許晴則毿毿下垂陰則髦綵整整也或以制卧裀善人御之竟夕安寢不善人枕藉魂乃數驚矣島夷詫其靈不敢蓄也

○海狗

海狗純黄形如狗大乃如猫嘗群遊背風沙中遥見船行則没海漁以技獲之盖利其腎也方書或謂駁狗腎謂以此物置之卧犬之側則驚駭而奔醫工以爲即膃肭臍云按本草膃肭出西戎豕首魚尾而二足圖經云黄毛三莖一竅恐别種也

○獴獱

獴獱或作俱有白有黒有黄有狸狀酷類猫而大亦高足而結尾捕鼠捷於猫也諸國皆產惟暹羅者良舶賈挾至廣州常猫見而避之

豪家每十金易一云

○海鼠

海鼠大如豕重亦百觔目正赤然猶畏猫或獻於夷酋畜之別囿遇獴獖嚙其目死焉海鮎魚每涉沙際佯不動海鼠以為彼失水且死嚙其尾鮎轉首齧之從水去

○海鷗

海鷗似鵝而大不識人舶過嘗集人肩頂人取輒捕而烹之傳曰海上之人有好鷗鳥者每旦從鷗遊至者百數其父曰取來吾玩明日之海上鷗舞而不下此似寓言之意也○晉書張華傳人有得巨鳥毛長三

丈者問之華華愀然曰此海鳥毛也出則世將亂予以鷗鳥類近附之

○海鷄

海鷄毛色如家鷄惟雙足鱉類爾海濱居民鷄栖于野每與異種交接伏雛多有異狀者

○海鶴

海鶴大者脩項五尺許趐足稱是呑常鳥如餤魚鱔成化間有至漳州者漳人射殺之後有以頂貨者類淘河而鋭味淘河即鵜鶘亦名逃河詩云維鵜在梁不濡其咮是也雄大雌乃畧小晝啄于海暮宿

叢谷間島夷豫以小鏢付彼月夕則伏於鶴常宿所櫟其大者而刺之平旦有獲五六頭者島夷乃剥其頂售于舶賈比至閩廣價等金玉海鶴頂亦可製帶真者殊貴重但偽售者多甚難辯耳記云海上之鶴千歲為玄或云鶴有玄黄白蒼不等而白者最良堪入藥須天子傳云天子至巨搜二氏獻白鶴之血以飲天子注云血益人氣力蓋不特可充玩好而已

○海鸚哥

海鸚哥黑喙綠羽足亦鸞也若禽類則亦有真鸚鵡具五色者間以充貢

○海鷰

海鷰小如鳩春囬巢於古巖危壁葺壘乃白海菜也島夷伺其秋去以脩竿接鏟取而鬻之謂之海鷰窩隨舶至廣貴家宴品珍之其價翔矣（海旁俱沙磧無淤泥海菜脂瑩軟膩鷰以營巢綢繆日久味加於本菜洗濯時尚有鷰毛粘著其上也）

○火鷄山鳳

火鷄出滿剌加山谷大如鶴多紫赤色能食火（澤州英鷄能食碎石子西夷駝鳥能食生鐵物性之異如此）吐氣亦靈

餤也九鷄類多能吐氣記云錦鷄吐綬五彩成文爛然可愛瞬息漸收入口矣子如鵝胎殼厚踰重錢或斑或白島夷採為飲盞見者多珍奇之山鳳喙首如鶴頂足率七八尺翅翮過之能吞衆鳥敵人而啄其腦若刀斧然子大如椰瓢近時暹羅哪嗹挾一以餉盤檢悅之倩巧匠裁為酤瓻市井誇謂僅見也夫明王之世不貴異物而杜溪巧此何為者哉

○海鯊

鯊有二種魚麗之鯊蓋閩廣江漢之常產海鯊虎頭鯊體黑紋鱉足巨者餘二百斤嘗以春晦陟於海山之麓旬日而化為虎惟四足難化經月乃成矣或曰虎紋直而踈且長者鯊化也炳炳成章者常虎也本草云沙魚出南海形如鼈無足而有尾山海經云可以飾劒廣中亦有沙魚其皮可以磨器及作劍室又傳云魚虎背有刺皮如蝟頭如虎生南海亦有變為虎者此疑同類異名但不云有足草木子曰鱗虫皆卵生獨海鯊胎生故為魚也最巨

○海龜

海龜鷹首鷹吻大者方徑丈餘春夏之交遊卵於沙際島夷遇而捕之輒垂淚獻氣如人遭困厄然或諭之曰汝再垂淚獻氣當解汝縛龜便應聲潸然鳴若哀牛島夷舁至海濱釋之龜比入水引頸三躍若感謝狀而逝晋書毛寶傳寶在武昌軍人有於市買得一白龜長四五寸養之漸大放諸江中邾城之敗養龜人被鎧持矛自投於水中如覺墮一石上視之乃先所養白龜長五六尺送至東岸遂得免焉○富春志孫權時永康樵人入山得大龜名元緒將獻之吳王夜泊舟於越石里桑木下中夜聞木呼曰勞乎元緒何事乃爾龜曰遊不擇時為人拘縶不曰將就烹耶龜

曰雖盡南山之木不能爛我木曰諸葛元遜博物之士也爾至則禍必及我王既得龜烹之積薪萬束莫能爛諸葛元遜果入曰宜用老桑木煮之樵人因言越石所聞之語王伐木煮之立爛云○夷堅續志楊安撫炎正與其弟夢信皆以世科官至安撫家蓄一龜大二尺餘作龜室于堂奥每日餉以飯或餅餌之屬二楊偶有除擢或有他喜則跳躍而出若有凶事則出而淚下夫載籍所記龜者多矣即此數事其性之超悟特為夐絶蓋非獨海龜為然也記曰龍鳳龜麟謂之四靈又曰守以靈龜是故龜不物矣

○海鰉

鰉有二種常鰉類鰣魚而小河海皆產也海鰉身首差短歲二八月群至數百騰於沙嶼

移時化為鳥俗呼火鳩是也海濱居民候其上也謀而竊之化者纔十五鱗鬣全不開者不全化矣居人羞者市者瀕海皆足即所謂鷹化為鳩雀入大水為蛤者也大抵造物變化無窮曆不盡載耳晉書張華傳武庫雉雞旁有蛇蛻宋楊文公談苑鄱下盛貴鷄是月絕無蛙聲凡此類也惟段成式所記補闕張周見壁上爪子化為白魚徐聞陳司訓見一榕葉墜地轉動不已拾之半化為蜻蜓古今所傳耳目所受不可殫述矣

海鰌

海鰌長者亘百餘里牡蠣聚族其背曠歲之

積崇十許丈鰌負以遊鰌背平水即壯牆峙屹水面如山矣舶猝遇之如當其首輒震以銃砲鰌驚徐徐而沒猶漩渦數里舶顛頓久之乃定人始有更生之賀蓋觀甚奇而災甚切也 瓊州舊誌趙忠簡公鼎謫吉陽軍即今崖州雷州守臣走使泛海通問使者晨望極遠處隱隱如十里紅旗出沒疑為番寇梢示舟子舟子搖手戒勿語乃披髮持乃割舌血滴水中食頃方不見問之曰此海鰌也無數紅旗者背翅耳此舟幾為所壞矣乃舉酒相慶吁水物之害有如是乎披髮裂舌釁厭禳之誌云此魚長或千里

○鰻鱺

鰻鱺大者身徑如磨盤長丈六七尺鎗嘴鋸齒遇人輒鬪數十為隊常隨盛潮陟山而草食所經之路漸如溝澗夜則鹹涎發光船人以是知為鰻鱺所集也燃灰厚布所開路執鏢戟諸器群譟而前鰻鱺循路而遁遇灰體澁不可竄移時乃困船人恣殺之皮厚近寸食之美於肉也圖經云鰻鱺似鱓是鮫屬之類海鰻最大予嘗見釣獲者形甚可怪亦堪入藥如稽神録所載活勞瘵婦人功用非小猶不及歙州五色者為上品耳

○印魚

印魚出南海中似青魚而脩廣過之頭骨中拆如解顱之嬰顱後垂皮方徑三寸許若道巾之披餘然上有黑文儼如篆籀島夷間有獲者必珍藏之不知其何謂也

○河豚

河豚出於江河者皆不盈尺海中大者如豕服雜紅黄文彩可玩常魚率順水而遊此則旋迴戲躍噴沫之聲烏烏如訓狐服鳥也似鴞賈誼在

長沙作服賦狝或作胡服或作鵩舶人聞其聲知其下有河豚也以小絙繫乂鏢欘而獲之有重數十斤者云此河豚背有紅黄圈文腹脹者烹飪失節能殺人梅聖俞詩所謂入口生鏌鋣者也其江豚如豕形隨水上下鼻中有聲能噴水舟人以占風雨今楊子江多有之許渾詩所謂江豚吹浪夜還風是也海亦多此種其形更大味如水牛而腥本草謂為江䱍海䱍即此也

○蜘蛛

海蜘蛛巨若丈二車輪文具五色非大山深谷不伏也遊絲隘中牢若絙縺裊輝照耀光

燄燁燁虎豹麋鹿間觸其網、蜘蛛益吐絲如縞霞纏糾卒不可脫俟其斃腐乃就食之舶人欲樵蘇者率百十其徒束炬而往遇絲輒燃紅遍山谷如設庭燎蜘蛛潛愈遂窖惟恐其及也或云取其皮為屨不航而涉豈其然歟陶隱居云蜘蛛有數十種今觀爾雅所載七八種耳皆無所謂海蜘蛛方書云九五色者不入藥則知其五色者海內俱有之但不及海外者為極大耳埤雅曰蜘蛛義者也然則海蜘蛛其專大巧而竊物棑者乎

○猛火油

猛火油樹津也一名泥油出佛打泥國大類樟腦第能腐人肌肉燃置水中光燄愈熾蠻夷以制火器其烽甚烈帆檣樓櫓連延不止雖魚鱉遇者無不燋爍也一云出高麗之東（高麗亦番國即唐太宗所伐者）盛夏日初出時烘石極熱則液出他物遇之即為火此未必然恐出樹津者是也

酴醿露

酴醿海國所產為盛出大西洋國者花如中

州之牂冊蠻中遇天氣淒寒零草木乃冰澌木戒殊無香韻惟酴醾花上瓊瑤晶瑩芬芳襲人若甘露焉夷女以澤體髮膩香經月不滅國人貯以鉛瓶行販他國暹羅尤特愛重競買略不論直隨船至廣價亦騰貴大抵用資香奩之飾耳五代時與猛火油俱充貢謂薔薇水云晋書賈謐傳外國貢異香著人則經月不歇武帝甚貴之惟以賜侍中賈充及大司農陳騫海外諸香木雖芬烈然不甚著人亦不經久據所云知即此香也

片腦

片腦産暹羅諸國惟佛打泥者為上其樹高者三二丈葉如槐而小皮理類沙柳腦則其皮間凝液也好生窮谷島夷以鋸付侻就谷中尺斷而出剥而採之有大如指厚如二青錢者香味清烈瑩潔可愛謂之梅花片鬻至中國擅翔價焉復有數種亦堪入藥乃其次耳按本草有龍腦醫家專云片腦皆以為眼科之藥蓋即一也圖經云龍腦香出婆律國今惟南海番舶賈客貨之南傳云其木高七八丈大可六七圍如積年杉木狀旁生枝

葉正圓而背白結實如荳蔻酉陽雜俎云此木有肥瘦瘦者出龍腦香其旨在木心波斯斷其木剪取之肥者出婆律膏其膏於木端流出斫木作坎而承之或云南海山中亦有此木唐天寶中交趾貢龍腦皆如蟬蠶之形此老木中根節方有之極為難得也今海南龍腦多用火煏成片中亦有雜為入藥惟貴生者狀若梅花瓣甚佳也詳觀所記與圖經大同小異緣所出之處不同意海外之國俱有之總則謂之龍腦其成片如梅花者則謂之片腦耳

○石蜜

凡海山巖穴野蜂窠焉釀蜜無收採者草間石罅在在泛溢枷露日久必宿虵虺之毒船

人遭難入山者雖草木魚鰕之屬糝以胡椒熟而食之無害也脫遇石蜜以為茸而過食必大霍亂而死可不慎諸桐鄉摘集海外四月檳榔花盛開蜂採之率多醉死惟冬時少衰餘月皆盛方書云遠方山郡幽僻處出蜜所著巖石壁非攀緣所及惟於山頂籃轝自懸掛下遂得採取蜂去餘蠟著石鳥雀群飛來啄之盡至春蜂歸如故海上千巖萬岫四時和暖百花盛開故蜂蜜勝於他境

伽南香

香品雜出海上諸山蓋香木枝柯竅露者木立死而本存者氣性皆溫故為大蟻所穴蟻

食石蜜歸而遺於香中歲久漸漬木受蜜氣結而堅潤則香成矣其香本未死蜜氣復老者謂之生結上也木死本存蜜氣凝於枯根潤若錫斤謂之糖結次也其稱虎斑結金絲結者歲月既淺木蜜之氣尚未融化木性多而香味少斯為下耳諸香惟此種不堪入藥故本草不録廣州志云沉香有黄沉黒沉至貴者蠟沉削之則卷嚼之則柔皆樹枯其根所結伽南木乃沉之生結者大抵諸香無異種但分生死結久近粗細耳如青桂香馬蹄香棧香速香之類各有次第而伽南為上沉次之餘再次之近世士

夫以制帶鍔率多湊合頗若天成純全者難得耳、伽南香絕已漏泄及上漏氣故在朝者無不覓以為佩也

辟珠

辟珠大者如指頂次如菩提子次如黍粟質理堅重如貝辟銅鐵者銅鍊不能損辟竹木者竹木不能損犯以他物即毀矣常附胎於椰子檳榔果穀之實之內通謂之聖鍊一名雞實鍊人有善鼓琴於月夜者鍊自池荷中躍出其前名為聖鍊無黍也島夷能辯之故以為奇寶也夫威喜辟、一抱朴子茯苓五六萬歲為威喜

帯之辟兵試以帯於鷄首啄群鷄中射之則帯者終不傷令利拒火僧有舍利云血氣精華之所凝結火化之後炳然獨存天竺沙門僧康會對孫權曰舍利威神豈有光相而已此乃刼燒之火所不能焚金剛之杵所不能碎而此珠出於草木乃能制犀利之物無亦庶類精華之所融結邪然皆中國未之或見也所謂鍾於物而不鍾於人者茲亦一佐邪

蓬蓬柰

蓬蓬柰華言破肚子盖果實也產於暹羅之崛隴如大棗而青島夷日乾以附遠漬以沸

汁其皮自脫圓滿如大李肉潤膩如紅酥甘美可餤亦珍味云南方草木狀所載廣南菓實精美備矣海外所傳如波羅蜜石栗海梧海松子蓬䒢雖稱珍奇要之皆在枝圓橘柚之下惟海松子入藥極為難得○波羅蜜桉隋書四夷傳百濟有異樹名婆羅婆酉陽雜俎唐段成式著異木篇云婆羅婆樹其實大如甕又云出波斯國呼為阿菩彈樹長五六丈皮色青緑葉極光淨冬夏不凋無花結實從樹莖出有殼裹之殼上有刺鄒至甘甜可食核大如棗一殼裹中有數百枚核味如栗崖州凡家園皆有之味甜而頗腥氣仁頗甘不如栗名獨盛矣○石栗樹與栗同但生於山石罅中花開三年方結實其殼厚而肉少其味似胡桃仁熟時或為群鸚鵡至啄食略盡故彼人極珍貴之出日南○海梧子樹似梧桐色白葉似青桐有

子如大栗肥并可食出林邑海松子與中國松同但結實絶大形如小栗三角肥并香美出林邑新羅

崐崙山土產 野馬 犀兕 異蛇 巨蠹 大木 椰 冬瓜

崑崙山

山在大佛靈南凡七嶼七港是謂七門唐書廣州東南海行二百里至屯門山或疑其旁洲嶼即此山計之道里不同恐非也皆巽然環列適諸國者此其標也其山多兕犀野馬巨蠹異蛇大木復平川沃壤數百頃椰樹駢生墮實彌谷冬瓜延蔓蒼藤徑寸實長三四尺大踰一圍海上無人之境產物皆頎朱崖何首烏天南星

二藥皆三倍於常品氣味自別固知有棗如瓜非誕語也糜腐若泥淖然舶欲樵蘇非百人不敢即往老佔嘗鑱崖壁識嶮以示防云

分水

分水在占城之外羅海中沙嶼隱隱如門限延綿橫亘不知其幾百里巨浪柏天異於常海由馬鞍山抵舊港東注為諸番之路西注為朱崖即今瓊州府所屬大約總稱朱崖儋耳即今儋州之路天地設險以域華夷者也朱崖儋耳之境縱觀千海川見洪濤駭浪

勢如沸鼎色類藍靛遥望不下問于居民此外當為何所哭而不答嘗聞崖州老蛋云每取魚遠出界夜半畧聞鷄聲此為占城國而島夷志又云占城至崖州七日程盖海直抵天際朱崖與諸番皆在海中如浮巵然地理圖所載是也由外羅歷大佛靈以至崐屯山自朔至望潮東旋而西既望至晦即西旋而東此又海中潮汐之變也惟老於操舟者乃能察而慎之余子華講正蒙及潮汐以余忠襄海潮圖為是盖主月之所臨潮必從之說及遊朱崖讀王桐鄉樀集又以長短星為驗再檢嶺外錄云江淅之潮自有定候欽廉之潮則朔望大變海之潮半月東流半月西流潮之大小隨長短星不係月之盛衰始知王之說盖祖此

萬里石塘

萬里石塘在烏豬獨豬二洋之東陰風晴景不類人世其產多硨磲蛤蚌之屬海南人以鋸解之磨礱為硯極可珍玩本草以為玉石類者非也其鳥多鬼車九首者四三首者鬼車晦瞑則飛鳴能入人室收人魂魄一名鬼鳥此鳥昔有十首一首為犬所噬今猶餘九首其一常下血滴人家則凶夜聞其飛鳴則捩狗耳猶言其畏狗也亦名九頭鳥荊楚歲時記云姑獲夜鳴聞則捩狗周禮庭氏以救日之弓救月之矢射之是也漫散海際悲號之音聒聒聞數里雖愚夫悍卒靡不慘顏沾襟者舵師悅小失勢誤落石

萬里長沙

萬里長沙在萬里石塘東南即西南夷之流沙河也（尚書曰西被于流沙）弱水出其南風沙獵獵晴日望之如盛雪船誤衝其際即膠不可脫必幸東南風勁乃免陷溺（宋玉招魂篇西方之害流沙千里）

鐵板沙

成化二十一年乙巳　憲廟遣給事中林榮行人黃乾亨備封冊之禮以如占城官治大

船一艘凡大舶之行用小艚船一選熟於洋道者數十人駕而前謂之頭領大舶之後繫二小船以便樵汲且以防虞謂之快馬亦謂脚艇是役也軍民之在行者千人物貨太重而火長又昧於經路次交趾之占璧囉誤觸鐵板沙船壞二使溺焉軍民死者十九緣伴中有麥福者同七十餘人奪一脚艇棹至崖側巨浪簸蕩衆懼捨舟而登山回望大舶覆處近如席前洪濤瀾汗惟敗篷破甑出沒于

其間數百人者漚滅無跡衆皆長慟於是晝行夜伏捕蛇鼠拾草木之實而喫風雨晦冥石妖木魅千奇萬怪來侮來狎悉難名狀且已忘甲子惟視月弦望以驗時日曾未浹旬死者強半存者二十四人復已缺食二日蹣跚冥行倀入空谷谷中石窟寬坦如堂有草葉如廣之水蕉摑之根類蹲鴟而大競取以食喉間微覺苦澁餘味如葛識者曰此非惡草也第未經風日水土氣作苦澁味耳乃曝

之日中衆亦偃息石竈已皆酣寢比寤曉星煌煌矣遲明敲火燃草取所懸日中者煨而食之味轉香滑晨進一枚饑渴俱弭相率肆力而採頂之根裔都盡竄居二日體力完健乃人負數枚復沿水際而行俄聞谿中人語至見島夷數輩乘三小船循谿搜橯段帛諸物有諳夷語者詢之乃交趾占城二國之交徼巡船也二船酋長聞是覆溺之餘為之隱惻各取十二人共載以歸一國夷王謂天朝

人民館穀如禮於是占城遣人以二使來訃
廣中始知大舶汨沒守臣以聞二使均荷恤
蔭二使以死勤事聞其孫子甲科世盛朱紫相襲天之右功不為竦矣紹興毛鳴崗題其家輓冊有白骨已沉恩似海錦袍其柰夜如年之句又踰年二國始
具海舟資送諸人以還蓋同日達廣也逆計
阽危之日至是已二年矣麥福自言向在占
城旅次月夕夢還其家見三道士設水陸醮
聞其妻哭聲而寤福於枕上亦哭同寢詰之
語之夢無不酸鼻者次年祇家見其妻髽而

麻衣蓬几儼然夫婦相持悲喜交集詢其妻云凶問至時為丙午六月晦初猶未信既而畨然七月望始倩道流招魂而葬月夕之夢無乃是乎吁人之遊魂夕數千里不既神乎

海和尚

海和尚人首鼈身足差長而無甲舟行遇者率虞不利弘治初廣東督學僉憲淮陽韋彥質先生將視學瓊州陸至徐聞方登海舟此物升鷁首而蹲舉舟皆泣謂必魚腹之憂議

人民館穀如禮於是占城遣八以二使來訃
廣中始知大舶汨沒守臣以聞二使均荷恤
蔭二使以死勤事聞其孫子甲科世盛朱紫
目𡸣之二之々不為踈矣紹興毛鳴崗題
已沉恩似又踰年二國始
侏音諸釋曰侏儒容貌短小又伶侏古樂
人名[亻離]仝儷音離釋曰䍦蔚之貌按此侏[亻離]牛之句
[亻離]二字竝不相蒙又無意義疑刻悮或人以還蓋同日達廣也逆訃
曰侏[亻離]蠻𦏁之謂未識是否志此以俟知者問之
阼危之日至是已二年矣麥福自言向在占
城旅次月夕夢還其家見三道士設水陸醮
聞其妻哭聲而寤福於枕上亦哭同寢詰之
語之夢無不酸鼻者次年祇家見其妻髽而

天主教 耶蘇 其父名若瑟母
名瑪利亞本如德亞國之叛賊
事敗其國君正法釘死於十字架
大明天啟年間廿八徒利瑪竇國
徐光啟引進以教於中國
大清康熙三年徽州歙縣民
楊光先年六十八歲[illegible]之有
書曰不得已朝廷用光先為欽
天監正

持悲喜交集詢其妻月晦初猶未信既而招魂而葬月夕之夢夕數千里不既神乎

長而無甲舟行遇者督學僉憲淮陽常彥至徐聞方登海舟此彩升雞首而蹲舉舟皆泣謂必魚腹之憂議

将禳之先生方嚴人不敢白也詰旦抵瓊留十許日試士都畢泛海而還若履平地後遷福建憲副考終于家語曰妖不勝德草木子

邵子曰陸生之物水中必具計必有海人嘗聞之海賈云有海人出形如僧人頗小登舟而坐至則戒舟人寂然不動少頃復沉水否則大風翻舟

海神

風柔浪恬島嶼晴媚倏然紅旗整整擁浪而馳迅若徼電火長即焚香長跪率衆而拜曰此海神遊也整整紅旗者夜义隊也遇者吉

矣南海神最靈驗勅賜廟宇春秋二祭國有大事天子為遣使進香廟舊有波羅樹一本海中大槎魚一歲間歲來朝民間舟中所事海神不一廣變有天妃祠亦受勅封王祭昌化有峻靈王祠蘇子瞻謫海南為作碑記餘不盡錄

鬼舶

海舶相遇火長必舉火以相物色日影向西或三或兩帆檣樓舵首尾間缺下上欹側椋浪衝突此舉火而彼不應者知鬼舶也亟乃披髮擲米抛紙而厭勝之遊魂為變則覆溺亡者似為鬼矣所操之舶果何所化耶未可知也

飛頭蠻

飛頭蠻亦海山中鬼物也居處嗜好與人無別夜則其首飛去順實穢物歸則身首屬而蟣之惟頷下微痕如紅線耳暹羅島夷有娶婦得此者其夫惡之或教以俟其首去置身于地以小刀刺喉頸間項之首歸不合宛轉而死夷僧云是必素違誓約鬼罰乃爾然予偶記小說云某人家生一子自然無首則飛頭者豈亦沴氣適然所鍾邪有人嘗言海外奇事鄉間有納

李竹嬾先生云人魚

魚□□嘗於慧

山靜浪月明之夕

游水面其聲如

婦者婦每夜從床前入地去飽食魚蝦而返衣猶沾濕其夫欲逐之不果後生子如常亦無他異祭酒泰泉黄公志云親見香山縣深林中有物如嬰孩而裸自藤蘿中携手魚貫而下相挽不斷見人輒笑至地而滅土人謂之赤蝦亦無所怖及閲雙槐集所載亦與此合又塩商髙氏言伐薪清遠縣山中見一小孩奔走衆逐入枯樹中以火熨之出走死視之儼如人形惟胳下多兩翅耳二縣乃廣州屬邑已希異如此是知六合之中無所不有而海外神怪為多矣

人魚

人魚長四尺許體髮牝牡人也惟背有短鬣微紅耳間出沙汭亦能媚人舶行遇者必作

故又名歌魚聚其
有比[illegible]指摩極
然[illegible]微有香气
皆清於治血症亦
可製屏牌或可作
佩環及諸玩好之
物價與黃金等
治嗆[illegible]即[illegible]
止血亦異物也

法禳厭悪其為祟故也昔人有使高麗者偶泊一港適見婦人仰卧水際顱髮蓬短手足蠕動使者識之謂左右曰此人魚也山海經曰西海中近列姑射山有陵魚人面人手魚身慎毋傷之令以楫扶置水中噀波而逝

鮀異

弘治間有舶欲販於占城者舶中二十人將即山而薪是夜舶主夢神語之曰明日斫山須多畏壜也竊而異焉以語諸薪者或笑或

不信舶主曰第人負十許斤何礙衆從之乃乗二快馬即山山麓石潭深不可測二十人者分朋而攻日影西下山聲殷殷如雷衆謂天日高晴何以有此是必有異升木而伺俄有巨蛇蜿蜒幾五里其色正黒兩目如炬山巔奮迅而下沒于潭如雷者乃觸石崩隕之聲也有蜈蚣長可七尺騰躍而逐之旋潭踥踥尾端毒沫時時射潭内水色變如油抵暮潭面火燄高尺許舶人熟視乃自蜈蚣甲間

出夜分循山而去光燁燁爓山谷遲明下山觀之蛇踡跼死潭間衆方驚喜曰纍壚之夢實神貺也乃以藤纜聯巨鐵鉤引蛇出平野剥其皮厚如黄牛之革骨節中韲臼醃其肉殆滿船腹衆乃輟薪載蛇以回船島夷之船或過而見其皮問何從得之為價幾何船主紿曰五十金島夷付之不較復問肉價幾何曰百金又付之不較易載將發舶主謂島夷曰若何急此為也島夷笑曰漢兒不識寶耳

是乃龍也其皮鞔鼓聲聞二十里龍皮亦可製扇開元天寶遺事元寶家有一皮扇子製作甚質每暑月宴客即以此扇子置於坐前使新水灑之颯颯然風生巡酒之間客有寒色遂命撤去明皇亦嘗差中使去取愛而不受帝曰此龍皮扇子也此皮中七鼓一鼓即償今值易易也肉以為鮓貨于國中且不知值又幾倍矣舶主懊恨自謂其不善賈也人有見小蜈蚣逐尺餘小蛇于池塘蛇俱沒水蜈蚣于水面布毒沫蛇不禁自浮出蜈蚣乃齧殺之并去其兩目鄉入云蜈蚣寄種于蛇目是以毒也九蜈蚣搖大則有寶珠雷每擊之或云惡其善傷龍也又沈存中筆談云見一蜘蛛逐蜈蚣蜈蚣循籬竹裂隙而入蜘蛛以腹磨竹隙再三而去少頃發竹

視之則蛩蚣斷爛不屬矣蓋[illegible]以殺之也物之以小制大理實運之耶

龍變

岡瀕海州也環海皆崇山其岷多以樵採為業昔有樵者三十餘輩駕二白艚涉海而薪薪午将及岸遥望巨物青黒如蛇垂首山脊其角觸觸也諸衆人驚相召曰蚺蛇呑鹿矣蚺蛇長數丈大亦數圍善呑鹿惟角難進乃伏水中俟其将腐變登木自絞則角脫骨盡出矣楚詞辯證疑已蛇食鹿出骨事似迂誕而蚺蛇巳有然者膽入藥最良本草以為癨於高雷而海外尤盛彼利得鹿吾屬利得蚺耳棹歌踴

躍而前維舟山麓以梃與刃譟而爭先比至山半陰雲四合雷電大作雨雹石注樵者怖散莫知所之頃之天日開霽崩崖拔木瀰溢山谷樵人血額裂趾者纍纍而集顧見二白艚閣置樹杪攀木而升則雨雹滿載惟米壚衣被略無所損乃取米若釜為糜而食越數日別艚踵至衆乃得歸也此或龍運天變之期也瀕海居民每值龍運則屋宇人畜頃刻半空無論舟揖也易曰龍戰于野鄒陽號曰神龍驤首奮翼則浮雲出流斯際也天地且易位人孰得而嬰之○深山大澤神物所居切不可罵犯瀆褻申巳

云昔有三人共在山中伐木忽見石窠中有二卵大如升取煑之始湯熱便聞林中如風雨聲須臾有一蛇大十圍長四五丈徑來於湯中啣卵去三人無幾皆死

石妖

妖出崐屺山疑亦陰精也昔漳人有販舶者偕伴數十薪于山中崖間石壁可鑑漳人袒覓石立俄有婦從石隙出姿態姝麗殊非蠻島所有漳人與語媚之迷惑忘返遂伉儷焉婦日獻草木實殊形異色味皆甘脆遂已饑渴乃導漳人葺茅以居繞舍蒔姜竹踰時即

長林欝欝無復寒暑漳人時從婦陟巘求食每遭猛獸鬼物婦身為蔽翼習見毋怪亦毋恐也婦又教之驗草木榮落以記時歲漳人安之是生二子不自知其流落海嶼間也所閱草木凡五榮落婦或他出漳人獨居忽聞伐竹聲往視乃舶樵也中有舊侶二輩即鄉思油然向船人道所以請共載以歸舊侶乃匿之舟中婦挾二雛追至沙潊侏𠌯之聲如恚如詈擲二雛於水號嗷而去漳人登舶竟

飛□肩語海往諸國經紀偶中流得病力別
酉麦壁續志廣州□□人與后□

同伴登岸歇泊至一洲間結茅居止遂相與約云若回舟如見竹竿標記衣物可來相接若無標記即已不諦不必泊船恐阻風利也越半年舟經前地則竹竿衣物並無矣衆相望歎數而回○昔有富商漂海舟折抱一板至岸得熊毋挽之而上登石竅甚深窈其中以草芥毛羽為巢頗温暖菓木具設商安焉與熊合而生子狀類僎後有賈舟經其下商抱子登舟有珠數顆極為珍美熊見商去亟緣崖而下攀附不可投水死商携子歸本姓之子不容遂養于別所長分以財帛俾店于公安而姓之曰熊今其遺種猶存

嶺海續聞

猺

本五溪槃瓠之後自荆南以來皆有之隨谿峝群處而生亦獠獞類也椎髻跣足有採捕無賦役各以遠近爲伍不屬于官嶺海間號曰山民又呼爲白衣山子按胎髮不薙除長大而無櫛篦不褁巾蓬垢猙獰足爲椎髻

獠

依山林而居無酋長版籍年甲姓名以射爲

生凡蟲豸能蠕動者皆食之惟有事力者曰郎火餘但稱火舊傳有飛頭鑿齒鼻飲白衫花面之屬二十一種今蕃衍有百種云

黎

海南四郡隖土蠻也隖中有黎母山諸蠻環居四旁號黎人山極高常在霧靄中夊晴海氛清廓時或見翠尖浮半空云人皆椎髻跣足婦人繡面加銅環耳墜垂肩多王符為姓供賦役者為熟黎不供者為生黎又名㐌音岐

人

蜑

海上水居蠻也以舟楫為家捕魚為業且生食之入水能視見水色則知龍故曰龍戶齊民目為蜑家合浦珠池蚌蛤惟蜑能沒水探取傍人以繩繫其腰繩動搖則引而上先煑毳衲極熱出水急覆之不則寒慄而死或遇大魚蛟鼉諸海怪為鬐鬣所觸往往潰腹折肢人見血一縷浮水面知蜑死矣

長人

河池州近山地牧童十餘人聚而嬉戲或歌或舞懽如也忽見山半一人約長二丈面横三尺餘皆倍之被髮鳥喙背有双肉翅俯觀群童為樂嘻然而笑聲振林樾少頃舌垂長過腹群童見而駭之良久乃去不知何物又不害群童噫乃夷方别一種人哉

盧亭 盧循遺種

盧亭人屬胎生黄睛短髮出沒海洋以魚鰕

為食惟雄者後有小尾長寸餘其牝牡則人也語侏儺不可辯蛋人語其性得其小者育之衣以樹皮木葉長令捕魚採珠取珊瑚極便捷其性專慤與山犺等乃身腥穢不可近嘉靖間備倭黑孟陽捕海寇得一於舟中呈觧粵省因飡火食死馬識者謂為盧亭無乃鮫人之類也乎能伏水一二月正德間香山漁者罾中曾獲一人

珊瑚

珊瑚產西南海相傳濵海人織鐵網沉之海

瑚有五色
者余嘗見黄
白紅三種其餘
則未之見也予
可陳先生曰珊
瑚愈細愈佳

中必久而後生有長寸餘者有高尺許者鬲
結鮮紅入中國製為器飾其價翔矣或曰以
鐵網取之有高至三尺者
酉陽雜俎載漢積翠池中珊瑚樹高
一丈二尺一本三柯有四百六十二條是南
越王趙陀所獻號為烽火樹夜有光彩常似
欲燃晉太康三年王愷石崇競富愷嘗以珊
瑚樹高二尺許者示崇崇便以如意碎之愷
以為疾己之寶崇曰不足為恨今還卿令左
右取其家珊瑚樹高三四尺者六七株如愷
者甚衆集異記光武時南海獻珊瑚婦人
帝命植於殿前謂之女珊瑚柯葉茂盛

蝳○瑇瑁

玳瑁形似龜黿背甲十二片黑白斑文相錯

以成其邊襴闕嚙如鋸齒無足而有四鬣鬣前長後短其上皆有鱗甲以四鬣櫂水而行海人養以鹽水飼以小鱗以俟取用海槎餘録玳瑁産于海洋深處其大者不可得小者時時有之狀如龜鼈背負十二葉有自然文藻取用時必倒懸其身用器盛滾醋潑之逐片應手而下製為器皿其價頗翔

金剛石

産深水中人不可取以肉投澗底有鳥如水鳧食其肉糞中得之名金剛鑽亦寶石也貞觀中有婆羅僧言得佛齒所擊前無堅物觀者雲聚傳奕謂其子曰是非佛齒吾聞金剛石

乾隆十二年春三月一村壩漁人得一蚌剖開內有珠如棋子像大如指手足皆具漁人見其珠不圓乃獻之手足數售市人識嗟惜我此珠之出也入此俗子之手何不遇甚耶

玉堅物莫能敵惟羚羊角可破汝可往試之

應手而碎觀者疑釋至今理玉石者用之

七星珠

合浦村有老嫗晨往海濱汲水獲巨蚌剖之得一大珠歸而藏之絮中夜輒飛去及曉復還嫗懼或失以火煑之至夜有光燭天鄰驚競往赴之見光自釜出乃珠也明日聞之官珠如彈丸狀類水晶其中隱隱露北辰之象經煑色黯郡不敢貢南越志端溪俚岑班入山遇一寶珠徑五寸取還夜光明燭國俚人恨以火燒之雖小損猶照一室

○龍涎香

南巫里洋之中有龍涎嶼浮灔海面波激雲騰當春明景和群龍來集於上交戲而遺涎沫夷人駕獨木舟登嶼採之歸而市之番舶其香初若脂膠黑黄色聞之頗覺魚腥然舐收歛腦麝清氣雖經數十年不變以少許和香焚之則翠烟浮空芬芳凝結不散番中每香壹兩准金錢十二枚價甚翔矣按香有三品一曰汎水輕浮水面善水者伺龍出沒隨而取之堪入香用二曰滲沙凝積多年氣未盡滲令必

中三曰魚食爲魚所食散糞於沙磧伏不草入香其色有褐黑色者採在水也褐白色者採在山也諸香中惟龍涎最難得乃番中禁榷之物當其採時或遇風濤則人俱下海一手附舟一手把水方得抵岸噫險哉

珠熟

珠出合浦海中有珠池蜑户投水採蚌取之歲有豐耗多得謂之珠熟相傳海底有處所如城郭大蚌居其中有怪物守之不可近蚌之細碎延於外者始得而採北户録西南海有羅子國採珠人盛以革囊止露兩手腰絙石墜入海手取蚌并沉沙貯滿囊中撼絙舟人引出遇惡蟲

以醋潠之即去然往往有死者

紫綃

紫綃帳得於南海溪洞中酋帥蓋鮫綃之類也輕疎而薄如無所礙雖屬凝冬而風不能入盛暑則涼自至其色隱隱焉不知其帳也亦奇物哉搜神記南海之外有鮫人水居如魚不廢績織其人能泣珠所謂紫綃或其織也

蠻鼓

俚獠鑄銅為鼓相傳有是鼓方為都老群情

椎服每有攻擊輒鳴此鼓以聚衆頗自貴重革形金質中空無底鈕垂四懸款製奇古隱隱皆科斗八卦紋周遭蹲蝦蟇十二唐僖宗朝鄭絪鎮番禺高州守林靄獻之初因村兒聞鳴蛙之變得于蠻酋大塚中今南海廟尚存椎蝦蟇殘缺聞正統間海寇謀取將出門鈕斷得不去扣之猶鍧轟然有聲亦神物也溪蠻叢笑蠻地多古銅有銅柱馬希範江水中掘得銅鼓如大鍾長篇三十六乳重百餘筋其紋環以甲士中空無底虞衡志銅鼓古蠻人所用南邊土中往往有掘得者相傳為馬伏

波所遺其製如坐墩而空其下滿鼓皆細花紋極工緻四角有小蟾蜍兩人舁行以手拍之聲全似鼙鼓瓊州志永樂中起黎兵挖引多輝溪水得一鼓長三尺面圓五尺凸二寸許沿邊皆科斗各蜘線抵臍束腰參尾擊之聲如鵝鸛聞數里○隆慶間大征九絲撫臣獲銅鼓數具以獻時江陵當國欲納於太廟禮卿以為不可暫置朝房余見狀之若墩者矣若瓮者矣若鼓者矣質樸紋麤擊之聲若牛鳴相傳云諸葛遺製

石梅

生海中一叢數枝橫斜瘦硬形色頗似枯梅雖巧工造作所不能及根所附著如覆菌或云本質為海水所化如石蟹石燕石蝦之類

大抵皆海水融結而成久之亦化為石矣俗呼為海枇杷者是也

○青螺

狀類田螺其大如拳揩磨去其麄皮有翡翠色琢為酒杯又有鸚鵡螺狀如蝸牛頭淡青色身白色周遭間赤色數稜磨治出其精彩亦琢為杯鑲以黄金頭頸足翅宛然亦可玩也

石鷰

石鷰本海中水沫融結成形歲月既深遂氣化為石蓋陰精也當霧雨瀰漫亦能行能飛許渾詩石燕拂雲晴亦雨謂此也出牂牁江今海南亦有之治産難虞衡志云石蟹生海南形似真蟹乃海沫所化治癰腫醋磨碗碟中尚能蠕動又有石蝦亦其類也亦竒矣

人面子（本艸云人面子樹似含桃子如桃實春開花夏結子至秋始熟味甘性平能醒酒解毒治難產已驚癇）子大如青梅核如人面兩目鼻口皆具肉甘酸宜蜜核中仁白如榛松點茶頗清

椰子

木身兼悉類椶櫚子生葉間一穗數枚皮即大腹堪入藥子殼可為器子中瓤如玉瓤中漿如飴伽藍記所謂酒樹是也予有人為六稜者製酒杯隹愈小而直愈昂矣

桄榔

木直如杉又類椶櫚有節似大竹一幹挺上無旁枝高數丈開花數十穗綠色釀木皮出麵伽藍記所謂麵木是也心可為炙近以其

木鏇為棋罐香盒諸器蔚有斑紋可愛

猪肥子（又南蕃莎木皮中有白粉多米屑乾之搗末以水淋過似麪[illegible]餅[illegible]桄榔麪亦名木麪并志）

附木蔓生葉類土瓜花于春而秋實之狀似猪腰子差小殼堅有斑斕色去皮炙之多脂味如肉可食土人呼為猪肥子云余謂酒樹椰也麪木桄榔也并猪肥名曰肉果可乎三者皆產炎嶠亦一奇也

羅望子

殼長一二寸形如肥皂又類刀荳色册内有

二四實熟之味如栗土人呼為水浪子望浪
聲相近蓋誤云

波羅

木高數丈不花而實如瓜瓠外膚礧砢像佛
髻實中子大於龍眼可蜜熟之味與栗同相
傳種從天竺來達摩弟達奚司空携植中國
云

菩提

梁天監元年智藥禪師自天竺来手植菩提

一株于王園寺後六祖以菩提悟性傳衣鉢遂祝髮於此今為光孝寺云樹至今存其徑合圍虬然蒼古葉似楓而大冬夏菁葱僧取其葉漚之質輕如蟬翼好事者製為燈籠火于中晶熒洞達視之若無有焉頗得禪宗清澹之趣

紅蕉

葉類蘆箬心中抽條條端發花葉數層如盞蒨日拆一二葉色鮮紅每花瓣首有翠綠一

點尤為可愛春夏開至歲寒猶芳俗名美人蕉是也又有一種根出土處特肥如膽餅名膽餅蕉又有芭蕉大者婈冬不凋中柚幹長數尺節節有花花褪葉根有實去皮取肉軟如綠柿味甘性涼或以飼小兒名蕉子柚其絲可為布

○象

月山叢談象性最靈皆来自安南過水則浮以鼻向天若植桅然其候以秋七八月至食人禾稻村民設象囮以誘之其家預掘坑以待象囮引野象陷坑中飢三四日為假人以

篙懸下乘坐初時大躍漸以草校之久則馴狎然後坎地出而騎之其牝牡相交在水傍泥淖中藉以樹葉如人道若人見則羞起逐之人須環嶺走乃得逸不爾樑之成糜矣北户錄雷州産黑象牙小而紅土人捕之爭食其鼻云肥脆堪為炙蓋象身有十二肖肉惟鼻是其本肉梁翔法師云象一名伽那古訓云象孕五歲始生

小龍

羅池人計巡檢山居嘗出行獲一巨卵使鷄伏之乃産一蛇長不盈尺四足蒼色鱗甲究

然昂首步行若獸家人以米汁豢之數月漸大好飲生血行止隨人甚為馴擾呼為小龍因放之溪潭數年後一夕風雷暴作雲霧中有蒼龍自潭起長數百尺乘空而去

○大龜

政和中路公弼奉使三韓舟行海中忽見黑山湧起波間山頂有光如兩日並出官吏大恐舟師曰此大龜出游兩日者其雙目也當作法禳之良久乃沒宋太宗時萬州獻六眸龜洪武四年暹羅國進

六足龜皆異物也

五色龜

番禺鹿步都之小坑村去海不遠而有巖巖下有石石下有水深三尺許聚亂石為池上有一石徑約五尺可坐卧下瞰池水水中有龜大小計二三十枚青黃紅白交錯於澄波遊人至投以餅餌其大者率群龜趨食之馴擾可愛或萌欲取心即瞥然不見矣北戶録云粵中有金龜甲蟲也五六月生于草蔓上大如榆莢細視之如金貼龜背行則成雙其蟲死則

金色隨烖如螢火然

蚺蛇

蚺蛇大如柱長稱之其膽入藥腊其皮可以鞔鼓常出逐鹿食之蠻人數輩滿頭插花趨赴蛇蛇喜花必駐視漸近競樹其首大呼紅娘子蛇益俛不動壯士以刀斷其首亟奔散遠伺之有頃蛇覺奮迅騰擲小木盡拔力竭乃斃數十人舁之以歸一村咸飫北戶録蚺蛇大者長十餘丈圍可七八尺多在樹上麞鹿過者吸而吞之至鹿消即纏大樹上出其骨角乃不

復動夷人伺之以竹簽敹之取其膽也異物志蚺蛇牙長六七寸土人尤重之云辟不祥利逆行一拔立仆數頭○嘉靖間滇白有武弁家人婦往樵于山為蚺蛇所蟠亟聚衆擊之蛇舍之去婦人尚有微氣灌以雄黃稍蘇竟毒發而死蓋蚺蛇性淫見婦人裹衣輒卧其上故得而臨之肉白味佳能解諸風毒膽有二一真一水被逐急自裂水膽與人入藥無效以真膽著男陰即消縮不舉或以葛藤尺許擊其首伏不敢動貫其鼻牽之即行不知物之相制乃如此

鈦蛇

鈦蛇產固戍海百里内深秋浮於水面漁人網得之蠅頭筋頸腹臂尾鰻口有毒涎嚙則

傷人膏內温補能療諸風或入藥或釀酒或彎而囊懸酒甕中服之說者謂功不在白花蛇下

紅蛇

雷州對岸見群小兒簇二巨蛇各長丈餘一如孔雀尾鱗色金翠奪目一真紅色鮮明若血又有十餘頭白蛇前後相次若導從然俱入一榕藤窽內竟不復出

○山獺

出蠻中溪峝俗傳為補助要藥獺性淫毒山中有此物凡牝獸皆遠遁獺無偶抱木而枯若人中藥箭磨其骨少許傳之立消其價甚翔得殺死者尤効

風生獸

炎洲在南海中地産風生獸似豹青色大如貍張網取之焚之不毀毛亦不燋以石菖蒲塞其鼻即死焉取其腦和菊花服之益壽又有火林山生火光獸大如鼠毛長三四寸或

赤或白晦夜有光取其毛緝以為布所謂火浣布是也衣汚以火燒之振去虱垢潔淨如新

海西富浪國產食火鳥駝蹄蒼色鼓翅而行高丈餘食火

山鳳

狀如鷙鳫嘴如鳳巢深林中伏卵時雄者以木枝雜桃膠封其雌于巢獨留一竅雄飛求食以飼之子成即發封不成則窒竅殺之亦物之異者與前所記山鳳同而補其未備

孔雀

羅州山中多孔雀雄者生三年有小尾五年成大尾春生秋凋與花蕚俱榮衰捕者候雨甚往擒之尾霑雨重不能高翔且惜尾恐傷不復騫也雖馴畜頗久見羨婦人衣服華麗必妬而啄之芳時美景聞管絃笙歌必舒張翅尾眄睞而舞土人欲取其尾持刀隱於叢林伺過急斷不則回首一顧金翠無復光彩矣

虞衡志孔雀生高山喬木之上人探其雛育之喜卧沙中以沙自浴响响甚適雄者尾長數尺生三年尾始成歲一脫尾春夏復生羽不可近能損目人以猪腸及生菜飼之

惟不食松

鱷魚

鱷魚如鼉而喙長半其身鋸其齒有四足如獸行尾有三鈎極利見鹿豕即以尾戟之以食生卵甚多或為魚為鼉其為鱷不過一二大者如船占城恃之以决訟昌黎為文遣之則一夜率種類西徙六十里盖物之暴而靈者

劍𤏡

海鯊有變為虎者共見前説又有一種劍鯊俗呼為鋸鯊云其大者鼻衝長丈餘濶尺許黄黑色其直似劍其旁排列戟刺㨗業如鋸齒然力能破舟裂網横行海中群魚遠避稍不及即磔而食之莫敢攖其衝也

緋猿

高凉青山鎮其山多猿有黄緋者緋者絶大毛彩殷鮮亦奇獸也又傳有青白玄黄能伏鼠善啼其音凄入肝脾方知當一部鼓吹豈

獨轟聲然哉

長鳴雞

西京雜記成帝時交趾越嶲進長鳴雞長距善鬭伺晨雞即下漏驗之晷刻無差每鳴則食頃不絕洸懷遠讚曰翠冠繽莒碧距麗陳就昏別夕望旭譍晨

大魚

有人至補陀山望見海中數十里外有旌旗如軍行數萬騎者湧躍東下其人駴之舟師

曰此大魚耳旌旗狀者其鱗鬣也須臾稍近山石為之震動久之獲寧西京雜記有人汎東海既而風惡舟漂不能制隨風浪莫知所之一日夜得至一孤洲共侶懽然下石植纜登洲晨炊炊未熟而洲沒死者十餘人在船者亟斷其纜船復漂蕩向者孤洲乃大魚也揚鬣吐浪而去疾如風雲釋氏書謂海中有魚其大如山背産大樹業風鼓撼痛苦難禁宋史載罽賓國天神祠前有一魚骨竅中可通騎馬往來泛海録云洋中之一物莫巨于魚其背鬣矗然山立弥日不盡所經海波兩拆不合者數日山菴雜録云有魚從海中過揚鬣露脊枝南而行凡四日夜始盡其身乃知莊子千里之鯤非寓言也

番車魚

海槎餘録載昌化屬邑俄海洋中有二大魚遊戲水面决起烟波中約長數丈離而復合者數四每一跳躍聲震里許土人曰此番車魚也間歲一至盖交感生育之意耳今中州欒肆中懸大魚骨乃其脊骨云

○風貍

狀似黄猨食蜘蛛晝則拳曲如蝟遇風則飛行空中其溺及乳汁治大風疾奇効

○紅蟹

儋州出紅蟹大小殼上多作十二點臙脂色其殼與虎蟹堪作疊子一名蛫音詭廣雅云雄曰蜋螘雌曰博帶抱朴子曰山中稱為無腸公子古今註云小蟹一名長鄉廣志云鋪音脯小蟹大如錢又蟹奴如榆莢在蠣腹中生死不相離山海經載千里蟹洞冥記有貢百足蟹長九尺四螯

蛤蚧

首如蟾蜍背綠色上有黃斑點若古錦文長

按郭璞江賦璅蛣
腹蟹水母目魚璅蛣
[illegible]此言璅蛣
[illegible]蛣長
寸許腹中有蟹如
[illegible]生云
又[illegible]錄
云蟹二名鏡魚生
南海[illegible]相合成體其
殼圓如鏡中甚瑩滑
映日光[illegible]内[illegible]
如蚌胎腹有[illegible]
大[illegible]
出[illegible]

尺餘尾絶短其族則守宫蜥蜴蝘蜓多居古木竅間自呼其名聲頗大又有名十二時者自旦至暮變十二色亦其類也齧之傷人

璅蛣

璅蛣一名沙螺好事者以其甘美細嫩又名西施舌云産於海類蟶而差大與蟹合體共生當潮長時腹中各出一蟹僅如榆莢螯足具全散食于沙汭飽則仍歸雖縱横千百無一誤入他腹者蟹或不歸璅蛣則餒而槁矣

似更詳然亦孖之名可知張也明矣

然亦有無蟹而璅結未嘗不生理不可詰郭景純江賦璅結腹蟹類説蠣殼中有小蟹名蠣奴皆可謂體物之妙矣

○海粉

海中有物若水母形小而圓無頭足其色灰隨潮往來飽則脂漫至淺沙散粉從後竅溢出若蚕之吐絲勻停柔細狀類米粉初浮於水久則糾結於沙漁人拾而陰乾市為海粉云腹空後入深水化去不知所之海中又有石髮纖長

按郭璞江賦璅蛣腹蟹水母目鰕璅蛣[illegible]長寸[illegible]中有蟹如[illegible]今蘇[illegible]生云[illegible]錄云[illegible]一名鏡魚生[illegible]相合成[illegible]圓如鏡中甚[illegible]有[illegible]大[illegible]則[illegible]矣

尺餘尾絶短其族則守宮蜥蜴蝘蜓多居古
木竅間自呼其名聲頗大又有名十二時者
自旦至暮變十二色亦其類也齧之傷人

璅蛣

璅蛣一名沙螺好事者以其茸美細嫩又名
西施舌云産於海類蟶而差大與蟹合體共
生當潮長時腹中各出一蟹僅如榆莢螯足
具全散食于沙汭飽則仍歸雖縱横千百無
一誤入他腹者蟹或不歸璅蛣則餒而槁矣

其說似更詳然亦無璅蛣之名可泖[illegible]直悵也明矣

然亦有無蟹而璅蛣未嘗不生理不可詰郭景純江賦璅蛣腹蟹類說蠣殼中有小蟹名蠣奴皆可謂體物之妙矣

○海粉

海中有物若水母形小而圓無頭足其色灰隨潮往來飽則脂漫至淺沙散粉從後竅溢出若吞之吐絲勻停柔細狀類米粉初浮於水久則糾結於沙漁人拾而陰乾市為海粉云腹空復入深水化去不知所之海中又有石髮纖長

如絲縷

○饒燈

天寶遺事南海有魚多脂束以為油點燭紡績則暗照宴樂則明佛書謂之饒燈或云懶婦所化豈其然乎又谿峒間有獸名懶婦當七八月禾熟時群来掠食土人患之度所經行處交置機杼織作之具懶婦見之宵遯與此相類并附之

龍蝦

水經注晉滕修為廣州刺史其鄉人語修蝦鬚有長尺許者修不以為然其人至東海取

蝦鬚長二四尺者示修修始信厚遺之余近見蝦形甚雄赤色突目鬚甲猙然土人取其殼懸之其猶龍乎故曰龍蝦北戶錄潮州出紅蝦大者長二尺土人多理為杯王子年拾遺大蝦長一尺鬚可為簪洞冥記載有蝦鬚杖爾雅有鰝蝦出海中長二三丈游行則豎其鬚高于水而鬚長數尺可為簾

○文魮朱鼈

南越志海中有文魮鳴似磬鳥頭魚尾而生王海中多朱鼈狀如肺四眼六足而吐珠

龜曆鰲光

唐堯之[illegible]皆科斗書有五行八卦二十四氣記開闢以來帝令録之謂之龜曆于頓在南海夜忽曉如日初出移時復晦後海客言其日夜海中大金鰲浮出目光照耀如白晝與其日正同方知鰲光

蚊母扇

新州有鳥類青鵁觜大常在池塘間捕魚爲食每作一聲則蚊子群出其口矣廣志云蚊

毋此鳥吐出鮫也其翅堪為扇揮之可以辟鮫

維摩經

宋呂端奉使朝鮮過海洋祝神曰回日無虞當以金書維摩經為謝比回忘之風濤大作遂取經投之聞絲竹之聲起於舟下音韻清揚非人間比經沉隱隱而去冷齋夜話王棠老嘗宦觀州渡江阻風七日父老曰公舟中必有奇物此江神極靈當獻之可濟棠老以黄塵尾獻之風如故又以端石硯獻之風愈作夜卧自思有黄魯直書韋應物滁州西澗詩扇持以獻之

必須水天相映如展鏡南風徐来帆一餉而流觀江且然况東海為龍宮寶藏之所豈無神以司之維摩經之取非誣也然其事亦奇矣

梅花夢

開皇中趙師雄遷羅浮一日醉遊憩于麓之林舍俄見一女澹妝素裳氷肌玉骨逍遥焉于時月色熹微雪光掩映真天人也師雄訝之與之語祗覺言詞超俗芳氣襲人無何有一緑衣童來笑詠婆娑亦有意態久之清寒漸播醒然起視乃在梅花樹下上有翠羽啾

嘈已而月落參横不勝惆悵

遊仙枕

開元中海國進枕一具色類瑪瑙温潤如玉其製甚樸雅若枕之則十洲三島四海五湖舉在目前恍疑身之與遊也玄宗愛之自名為遊仙枕

記事珠

燕公張説為相時有海商售珠一顆紺色有光名記事珠或有遺忘以手持弄此珠便覺

心神開悟事無鉅細豁然通明燕公寶之惠州天馬山每歲當大比夜有驪珠如斗瑩然光彩謂之驪光視其多寡占舉子之名數又有賈胡自異域負其國之鎮珠逃至五羊國人載金寶贖之以歸比至中途珠復走還徑入石下不出至今此石往往有光夜發抵即走珠之祥

龍角釵

大曆中林邑獻龍角釵二枚類玉而紺色上刻蛟龍之形巧麗精奇非人工所製上以賜獨孤妃一日與妃同遊龍舟池有紫雲自釵上生俄滿舟楫上亟命置之掌中竟化二龍

而去、

樹兒

大食國中有一方石石上有樹幹赤葉青枝生小兒長六七寸見人皆笑動其手脚着著樹枝其使摘取一枝兒即槁死

人異

昔有波斯入粵相古墓有寶氣乃謁墓鄰以錢十千市之比發而棺衾肌肉俱銷惟心堅類石鋸開見山水青碧秀麗如畫傍有一女

艷妝凭欄凝眸垂睇盖此女生時有愛山之癖朝夕吐吞清氣故能融結如此亦異矣哉

土怪

夷堅志鄭安恭為肇慶守有直更卒每夜見城上亭中火光往視之乃十餘人聚賭卒戲伸手乞錢諸人争與明日辨之真銅錢也夜復如是所積甚多會庫失錢并銀或疑卒近多妄費試擒之具道所以鄭意必土偶為祟乃押卒使人徧索至一廟中有土偶狀貌類

所見者碎之腹中或銀或錢合此卒用過之數相符盡毀其怪遂息〔雷州府誌舊州治前立石人十二執牙旗兩傍忽一夜守宿軍聞人爭博聲趨視乃石人也次早聞于官郡守閱視庫藏封鑰宛然而所失錢與所得錢數無差命分散石人其怪遂止二事相類并附之〕

蟻變

粵中暑濕多白蟻無論能蠹竹木而已先是廣州帑貯銀三千兩歲久沒于蟻封嘉靖間郡守包公〔諱應麟寧海人〕出之檢其銀猶故也第紋隱而輪廓若有蠹痕秤之耗去幾三百兩衆

錯愕罔測所由獨蟻壞色白且堅試瀉之初聞徵覺腥穢須臾滓去而銀耀然矣總之具在所耗不過數十金群疑始釋迄于萬曆年間亦然以所損不多旋補而止嘗聞鉛汞家有收銀法猶以人而竊造化精華不謂白蟻物也堅如金石亦得而蝕之是果何為者哉此南柯所以感夢硯池所以獲魴蟻之為靈昭昭矣彼圄於見聞者夏蟲之于氷也烏足以知之東平淳于棼夢有紫衣迎入殿庭王者妻女瑤芳拜南柯郡守勵精觀畫

渡海輿記

渡海輿記

一卷

〔清〕郁永河 撰

清雍正十年刻本

序

余幼攻舉子業讀臺灣蕩平表文其
中點綴稱名多不解晚年筮仕永春
去臺不遠然未經目擊得之耳聞者
又語焉不詳海洋奇狀究未爽然於

心目閒幕友袁君黼皇携有渡海輿
記抄本余讀之條分縷晰指說詳明
大記之外繼以吟咏海若情形不啻
接於目非僅悉於耳而向所讀臺灣
表文今猶記憶者一一脗合因以大

豁於心不禁拍案稱快爰付之梓以與天下之未得觀海者共覽焉惜作記者姓氏不傳不得與此書共垂不朽亦歉事也

旹

雍正十年壬子嘉平二十有二日知
將樂縣事蜀安岳周于仁仙山甫書
於凝香堂

渡海輿記

福建榕城出南門由南臺大橋行三十里渡烏龍江歷防口相思嶺浦尾至興化府渡洛陽橋至泉州府宿沙溪行四十里至劉五店郎五通渡也渡實支海廣十餘里巨浪如山舟斜欲覆抵岸郎廈門復行三十里抵水仙宮左爲廈門支山右爲海澄縣古浪嶼山兩山對峙蜿蜒入海盡處有小山直起中流郎大旦門海船出洋必由此一望蒼茫淼無涯矣自廈往

臺當自乾趨巽又轉舵指坎比午至黃土坡下椗候風暫可泊船遇風至遼羅是金門支山去大旦門約八十里渡紅水溝黑水溝海道惟黑溝最險自北流南不知源出何所海水正碧此溝獨黑如墨勢若稍窳故謂之溝廣約百里湍流迅駛時覺腥穢襲人有紅黑間道蛇及兩頭蛇繞舟游泳舟師時以楮鏹投之紅溝不甚險人頗泄視之二溝在大洋中與綠水終古不淆理亦難明渡溝良久望見澎湖須之至澎

湖之媽祖澚乘腳船登岸岸高不越丈浮沙沒骭草木不生有水師裨將統兵二千人暨巡司守之澎湖凡六十四島澚曰南天嶼草嶼西嶼坪貓嶼布袋嶼八罩山東嶼坪水垵尾虎西吉花嶼鋤頭插馬鞍嶼東吉將軍嶼虎井嶼船帆嶼岑雞嶼猪母落水桶盤嶼月眉後鼻西嶼頭風櫃尾雞籠嶼鉄線灣紅毛城四角嶼雙頭挂暗嶼案山仔林頭仔牛心嶼蝛仔灣天妃澚有副將衙門鎖管港有城巡檢司小果葉潭邊蜩仔

港小池角龍門港大果葉大池角龜壁港沙港底中
敦嶼竹篙灣鼎灣嶼吼門陽嶼雁靖嶼赤崁仔小門
嶼陰嶼土地公嶼椗鈎嶼姑婆嶼鳥嶼員貝嶼吉貝
嶼㙬嶼斷續不相聯屬彼此相望在烟波縹緲間遠
者或不可見近者亦非舟莫郎灣有大小居民有衆
寡然皆以海爲田以魚爲糧若米穀雖升斗必仰給
臺郡以砂積不堪種植也居人臨水爲室潮至輒入
入室中郎官署不免此處大鯊魚腹中有胎剖之將

小鯊魚投水中郎游去始信鯊魚胎生也前望臺灣諸山已在隱現間以先海水自深碧轉爲淡黑更進變爲淡藍轉爲白而臺郡山巒畢陳目前矣近岸皆淺沙沙間多漁舍名曰隙仔（北風回棹可以暫泊）有小艇往來不絕望鹿耳門是兩岸沙脚環合處門廣里許視之無甚奇險門內轉大（有分巡道海防盤詰出入舟人下椗候驗）如大風作鼓浪如潮既驗又迂廻二三十里至安平城下復橫渡至赤嵌蓋鹿耳門船最艱於出入其港道曲疊兩

傍俱是沙線一上沙線郎遭擊破今有駕小船仔之人於盤曲首尾之處用大竹挿入水底出水竹末挂一小旗爲號名曰挿招使出入之船知所趨避每船出港給工資錢二百文名曰盪纓錢入港以後至於嵌鄉泊船則無患矣旣達赤嵌近岸水益淺倘小舟不能登岸易牛車從淺水中牽挽達岸海洋無道里可稽惟以更計分晝夜爲十更風順廈門至臺灣水程十一更自大旦門七更至澎湖自澎湖四更至鹿

耳門如風不順十日行一更未易期也嘗謂海船已抵鹿耳門爲東風所逆不得入而門外鉄板沙又不可泊郎一鯤身至七鯤身也勢必仍返澎湖若遇月黑莫辨澎湖島嶼又不得不重回廈門以待天明者往往有之海上不得順風尺寸爲難同日同行又同水道船到有先後不同海風無定亦不一例常有兩舟並行此順彼逆禍福攸分此中似有鬼神司之追計遲速乎澎湖明時屬泉郡同安縣漳泉人又聚漁

於此歲征漁科若干嘉隆間琉球踞之明小視其地棄不問臺之曾屬琉球與否俱無考臺民土著者爲土番言語不與中國通無文字萬曆間復爲荷蘭人所有（即今紅毛也）建臺灣赤嵌二城（臺灣城今呼安平城赤嵌城今呼紅毛樓）考其歲爲天啓元年二城髣髴西洋人所畫屋室圖周廣不過十畝意在駕火礮防水口而已非有城郭闤闠以居人民也獨鄭成功阻守金厦二門又值鎮江京口敗歸始謀攻取臺灣聯檣並進紅毛嚴守大

港在鹿耳門南今淤不通舟楫成功戰艦不得入大港視鹿耳門
不守遂命進師適海水驟漲三丈餘悉攻二城紅毛
大恐收其類而去成功始有臺灣郎今安平城也成
功歿於康熙元年其子曰經繼立郎錦舍亡於康熙二
十年其子克塽立康熙二十二年六月十六日戰於
澎湖二十二日再戰
王師克捷率其地歸順焉以承天府爲臺灣府天興州爲
諸羅縣萬年州爲臺灣鳳山二縣臺灣縣郎府治東

西廣五十里南北袤四十里鎮道府廳暨諸鳳兩縣衙署學宮市廛及內地寄籍民居隸焉而澎湖諸島亦在所轄鳳山縣居其南自臺灣分界而南至馬沙磯海袤四百九十五里自海岸而東至山下打狗仔港廣五十里攝土番十一社田上淡水下淡水力力茄藤放縤大澤磯啞猴答樓以上平地八社賦稅應徵曰茄洛堂浪嶠卑馬南三社在山中惟輸賦不徵另有傀儡番并山中野番皆無社名諸羅縣居其北

攝土番新港加溜灣音葛剌灣歐王音蕭郎麻豆等二百八社外有蛤仔難音葛雅蘭等三十六社雖非野番不輸貢賦自臺灣縣分界而北至西北隅轉至東北隅大雞籠社大海袤二千三百十五里三縣所隸不過山外沿海平地其深山野番不與外人不能入無由知其巔總論臺郡平地形勢東阻山西臨海自海至山廣四十五里自鳳山縣南馬沙磯至諸羅縣北雞籠山袤二千八百四十五里此其大畧也雖沿海沙

岸實平壤沃土但土性輕浮風起揚塵蔽天雨過流爲深坑然宜種植稻米有粒大如豆者露重如雨旱歲遇夜轉潤又近海無潦患秋成納稼倍內地更產糖蔗雜粮有種必穫尤多植芝麻果實有番檨（當從櫗字）黃梨香果波羅蜜皆內地所無過海即敗苦不得入內地椰子結實如毬破之可爲器惟竹生刺不敢入街道髣髴京師大街市中用番錢紅毛所鑄銀幣也圓長不一式上印番花臺人非此不用以庫金與之

反覆顩不顧以非所習見也地不產馬文武各官乘肩輿正卯以下出入騎黃犢挽運百物用車天氣四時皆夏恆苦鬱蒸遇雨成秋冬月亦有裘衣者海上颶風時作颶之尤者曰颱必與大雨同至拔木壞垣飄瓦裂石久而愈勁舟雖泊澳常至虀粉海人甚畏之得雷即止占颱者每視風向反常為戒如夏天應南而北秋冬與春應北而南（三月二十三日媽祖暴後便應南風白露後至三月皆應北風惟七月北風多主颱）旋必成颱幸其至也暫人得早避

之譬如北颱必轉而東而南而西或一二日或三五七日不四面傳遍不止是四面遞至非四面並至也颶驟而禍輕颱緩而禍久且烈又春風畏始冬風畏終六月聞雷則風止七月聞雷則風至又非常之風常在七月海中鱗介游泳水面亦風兆也雞籠淡水遠惡尤甚差役聞往皆欷歔悲嘆行諸山海辟毒辟癘等藥必備凡海舶不畏大洋而畏近山若舟底觸礁則沉不患深水而患淺水船舵膠沙必碎今雞籠

淡水舟依沙瀨間行遭風無港可泊險倍大洋余渡海採硫布給番人易之油與大鑊所以煉硫糖給工匠頻飲弁浴體以辟硫毒其雜物食用悉備登舟經過番社登岸即笨車就道車以黃犢駕而令土番爲御是日過大洲溪歷新港社嘉溜音葛辣灣社麻豆社僞鄭時爲四大社令其子弟能就鄉塾讀書者蠲其徭役漸化之故知勤稼穡務畜積比户殷富頗知禮讓歐王近海不當孔道尤富庶惜不得見自麻豆易

車應至倒咯國番人不解從者語次日渡茅港尾溪鐵線橋溪至倒咯國社乘南風駕巨艦瞬息千里渡急水八掌等溪抵諸羅山復渡牛跳溪過打猫社山疊溪他里霧社至柴里社宿計車行兩晝夜矣其御車番人背鳥翼身服網罟次日渡虎尾溪西螺溪溪廣二三里平沙可行車過無軌跡似鐵板沙沙皆黑色以臺灣皆黑土故也又三十里過東螺溪與西螺溪廣正等而水深湍急過之轅中牛懼溺臥而浮番

人十餘扶輪以濟不溺者幾矣既濟馳三十里至大武郡社宿是日見番人文身者愈多耳輪漸大垂肩肘髮加束或三叉或雙髻以雞尾三羽爲一翻插髻上迎風偏反以爲美觀婦人裸體無忌次日行三十里至半線社宿次日過啞東社至大肚社一路大小積石車行其上終日蹭蹬殊困林莽荒穢番人貌愈陋次日過大溪過沙轆社至牛罵社社屋隘甚雨過殊濕假番室牖外設榻緣梯而登雖無門闥喜其高

潔次日聞海吼聲社人曰雨徵也新發水急流不可行次日將登麓望之社人謂野番常伏林射鹿見人則矢鏃立至愼勿往乃策杖登其巔荊莽膠結不可置足林木如蝟毛聯枝累葉陰翳晝瞑仰視太虛如井底窺天野猿跳躍作聲若老人咳又有野猿如五尺童子箕踞怒視風度林杪作簌簌聲肌骨欲寒瀑流潺潺尋之不得而脩蛇乃出踝下心怖遂返過大雨嵐氣甚盛衣潤如洗堦前泥濘足不得展徘徊悵

結頭之有番婦至蕡頭瘠體貌不類人舉手指畫若有所欲番人亟麾之去曰此婦能爲祟毋令近也越二日土官麻答乃番兒之矯健者問以水深淺曰水急且高未可涉次日行三十里至溪所衆番爲藏行李沒水而過復扶車浮渡僅免沉溺實濡水而出也渡凡三溪率相越不半里巳渡過大甲社即崩山雙寮社至宛里社宿渡溪後番人貌益陋遍胸背雕青爲豹文男女剪髮覆額如頭陀規樹皮爲冠番婦穴耳

爲五孔以海螺文貝嵌入爲飾捷走先男子經過番
社皆空室求一勺水不可得得見一人輙喜自此以
北大槩畧同次日過吞霄社新港仔社甫下車次日
越高嶺三至中港社午餐前去竹塹南嵌山中野牛
甚多每出百十爲群土番生致之因木籠中候馴用
以挽車由海濡橫涉小港迂廻沙岸間三十餘里至
竹塹社宿溪水湍急役夫有溺而復起者至南嵌社
宿自竹塹迄南嵌八九十里不見一人一屋求一樹

就陰不得掘土窩置瓦釜爲炊就烈日下以澗水沃之而食途中遇麋鹿麚麖逐隊行甚夥至南嵌入深菁中披荆度莽冠履俱敗直狐貉之窟自南嵌越小嶺在海岸間行巨浪捲雪拍轅下衣袂爲濕至大里分社有江水爲阻即淡水也山中溪澗皆由此出廣五六里港口中流雞心礁海泊畏之潮汐去來深淺莫定停車欲渡有飛蟲億萬如急雨驟至衣不能蔽遍體悉損視沙間一舟獨木鏤成可容兩人對坐各

操一楫以渡名曰葛𦮁蓋番舟也既渡有淡水社長宿此海船由淡水港入前望兩山夾峙曰甘荅門水道甚隘入門水忽廣漶為大湖渺無涯矣此地有二十三社曰八分社麻少翁內北頭外北頭雞洲山大洞山小雞籠大雞籠金包里南港瓦烈擺折里末武溜灣雷里荖甕繡朗巴浪泵音蚌奇武卒荅荅攸里族房仔嶼麻里折口皆淡水總社統之其土官有正副頭目之分飲以薄酒食以糖丸又各給布疋餘皆欣

然去復給布衆番易土凡布七尺易土一筐衡之可得硫二百七八十觔明日衆番男婦相繼以莽葛載土至土黃黑不一色質沉重有光芒以指撚之颯颯有聲者佳煉法搥碎如粉日暴極乾鑊中先入油十餘觔徐徐入乾土以大竹為十字架兩人各持一端攪之土中硫得油自出油土相融又頻頻加土加油至於滿鑊油則視土之優劣為多寡工人時時以鐵鍬取汁瀝突傍察之過即添土不及則增油油過不

及皆能損硫土既優用油適當一鑊可得淨硫四五百觔否則一二百觔乃至數十觔關鍵處雖在油而工人視火候似亦有微權也余問番人硫土所產指茅廬後山麓間明日坐葛莽中命二番兒操楫緣溪入溪盡爲內北社呼社人爲導轉東行半里入茅棘中勁茅高丈餘兩手排之側體而入炎日薄茅上暑氣蒸鬱覺悶甚草下一徑逶迤與導人行輒前五步之內已不相見慮或相失各聽呼應聲爲遠近約行

二三里渡兩小溪皆履而涉入深林中復越峻坂五六値大溪溪廣四五丈水潺潺巉石間與石皆藍色如靛此水源出硫穴下為沸泉試之熱甚扶杖躡巉石渡更進二三里林木忽斷始見山又陟一小巔覺履底甚熱百草萎黃無生色望前麓白氣縷縷如山雲乍吐搖曳青嶂間導人指曰硫穴也風至硫氣甚惡更進半里草木不生地熱如炙宜循舊路返不可再往人言此地水土害人染疾多殆今奴子庖人諸

給役者十且九病乃以一船悉歸之蓋淡水者臺灣西北隅之盡處也高山嵯峨俯瞰大海與福州府閩安鎮東西相望隔海遥峙計水程七八更耳山下臨江爲淡水城紅毛設守江口者鄭氏旣有臺灣以淡水近內地仍設重兵戍守

國朝設守備一員兵五百駐防斯土沿海東行百六七十里至雞籠山是臺之東隅有小山圓銳去水面十里孤懸海中以雞籠名者肖其形也過此而南爲臺

灣東南東西之間高山阻絕又為野番蹯踞勢不可通而雞籠山下實近弱水秋毫不載故水道亦不能通就西而言自淡水港南迄於郡治有南嵌竹塹後龍鹿仔音雅三林臺仔控莽港等港山中澗水所出沙堅水淺難容巨艊然當潮汐亦可進舟自

王師克臺蕩平之後設鎮兵三千協兵南北二路二千安平水師三千澎湖水師二千三邑兵丁就地發給外藩庫歲發十四萬有奇以給兵餉兵丁一人歲得十

二兩以之充膳製衣履猶慮不敷寧有餘畜蓋皆散在民間矣植蔗為糖歲產五六十萬米穀麻豆鹿皮鹿脯運之四方者十餘萬臺灣一區歲入財賦七八十萬臺土宜稼收穫倍蓰土沃民富又當四達之海內地人民皆願出於其塗矣

鄭氏善穴地為隧攻城多從隧入海澄公黃梧故鄭將也投誠封公守海澄鄭兵攻圍急梧曰彼將為隧令多取水缸沿城五步置一蒲貯水每缸撥五人送

守注目缸中晝夜無倏明日有報水動者掘之則爲隧者已至其下入火藥隧中燃之烟出鄭營隧人皆燼

番境補遺

土番種類多不盡悉惟記所知者

玉山在萬山中獨高遠望如太白積雪此山渾然美玉番人不知寶外人又畏野番莫敢向邇每過晴霽在郡城望之瑩然可愛

銀山有礦產銀又有積鏹皆大錠不知何代所藏有

兩人曾入取之資用不竭前臺廈道王公名效宗命家人挽牛車隨兩人行既至見積鏹如山恣取滿車迷不能出盡棄之乃得歸明日更率多人薙草開徑而入步步標記方謂歸途無復迷理乃竟失故道尋之累日不達而返自此兩人亦不得復入矣

哆囉滿產金淘沙出之與雲南瓜子金相似番人鎔成條藏巨甓中客至開甓炫然不知所用近歲始有携至雞籠淡水易布者

水沙廉雖在山中實輸貢賦其地四面高山中有大湖湖中起一山番人聚居山上非舟莫即番社形勝無出其右自柴里社轉小徑過斗六門崎嶇而入阻大溪三深險無橋梁老藤橫跨溪上往來從藤上行外人至股栗不敢前番人不怖也其番善織罽毯染五色狗毛雜樹皮爲之陸離可愛四方人多欲購之常不可得番婦亦白皙妍好能勤稼穡人皆饒裕斗尾龍岸番偉悍多力身面皆文狀同魔鬼常出外

焚掠殺人土番聞其出皆號哭遠避鄭經親統三千衆往剿深入不見一人停午酷暑將士皆渴競取所植甘蔗啖之劉國軒守半線率數百人後至見鄭經馬上啖蔗大呼曰誰使主君至此令後軍速退既而曰事急矣退亦莫及令三軍速刈草爲營亂動者斬未幾四面火發文面五六百人奮勇挑戰互有殺傷餘皆竄[illegible]入山竟不能滅僅毁其巢而歸至今崩山大甲半線諸社常慮其出

阿蘭番近斗尾龍岸狀貌亦相似

埜番性稍馴雖居深山嘗與外通山路樹木深蔚不見天日山中積敗葉數尺陰濕徧生水蛭（即螞蝗）緣樹而上處於葉間人過墮下如雨落頭頂入衣領地上之蛭又緣脛而上競吮人血徧體皆滿撲捉不暇聞者股慄曾有火焚之說者柰南方冬暖草木不彫火不能燃

葛雅藍近雞籠

金包里是淡水小社亦產硫人性巧智
會稽社人不能欺
臺灣多荒土草深五六尺一望千里藏巨蛇人不能
見鄭經率兵剿斗尾龍岸三軍方疾馳忽見草中巨
蛇口啣生鹿角礙其吻不得入揚其首吞吐再三荷
戈三千人不敢近蛇亦不畏余乘車行茂草中二十
餘日恆有戒心幸不相值至淡水劇後終夜閣閣聲
甚厲云是蛇鳴庖人夜出遇大蛇如甕社商張大謂

草中甚多不足怪也

鹿以角紀年角一岐爲一年猶馬之驗齒也番人射鹿爲生未見七岐以上者聞鹿多壽五百歲而白千歲而黑亦未足盡信也鹿生三歲角角一歲解猶人毀齒解後再生牡鹿有角善鳴角五月解至七八月肥腯鳴聲甚壯爲求牝也出則成群以數百計角者前牝隨之相傳鹿好淫故謂聚麀至十月則鳴聲漸殺獵者不顧以淫極而瘠也牝鹿四月乳未乳極肥

腹中胎皮毛鮮澤可愛牝鹿既乳視小鹿長則避之他山慮小鹿之淫也此獸之具有人倫者

熊有猪狗馬人之異各肖其形惟馬熊最大而勇鷙獨推人熊猪熊毛勁如鬣又厚密矢鏃不入蹄有利爪能緣木升高蹲於樹顛或穴地而處人以計取之無生致者腹中多脂可啖掌難熟爲八珍之一凡獸膝皆後曲惟熊猴前曲故能升木象亦前曲

山猪郎野彘耳尾畧小毛鬣蒼色大者如牛巨牙出

唇外擊可斷力能拒虎傷人行疾如風獵者不敢射
毫猪毛如箭行則有聲雖能射人不出尋丈外
蕭朗木名大者數圍性極堅重入土千年不朽然在
深山中野番盤踞人不能取有爲洪水漂出鄭氏取
以爲棺實美材也
烏木紫檀花梨鐵栗諸木皆產海南諸國近於淡水
山中見有墨色樹察其質與烏木無異人多不知

海上紀畧

海吼小吼如擊花羫鼓乍遠乍近若斷若連臨海聽之有成連鼓瑟之致大吼如萬馬奔騰鉦鼓響震惟錢塘八月怒潮差可彷彿余嘗濡足海岸俯瞰溟渤靜渌淵渟曾無波瀾不知聲之何出然遠海雲氣漸興而風雨立至矣海人習聞不怪曰是雨徵也若冬月吼常不雨主風

天妃神郎馬祖海船危難有禱必應多有目睹神兵維持或親至救援者其靈不可枚舉洋中風雨晦暝

夜黑如墨舟於檣端現神燈示祐如船中忽出爝火如燈升檣而滅者謂是馬祖去必遭敗船中例設馬祖棍大魚小怪近船以棍連擊船舷郎避去相傳神爲莆邑湄洲東螺村林氏女童時已具靈異常於夢中飛越海上拯人之溺至長不嫁沒後屢昭靈顯人爲立廟祀之前代已加封號康熙二十三年六月

王師攻克澎湖靖海侯施琅屯兵天妃澳入廟拜謁見神衣半身沾濕自對敵時恍見神兵導引始悟實邀神

助文輿中水泉僅供數百人飲是日駐師數萬忽湧
甘泉汲之不竭表上其異奉
詔加封天后至今湄洲林氏宗族婦人將赴田者以其兒
置廟中曰姑好看兒去終日兒不啼不飢不出閾暮
歸各携去神蓋親其宗人也
海船中必有一蛇名曰木龍自船成日即有之平時
曾不可見亦不知所處若見木龍去舟必敗
水仙王者洋中之神莫詳姓氏或曰帝禹伍相三閭

大夫又逸其二帝禹平成水土功在萬世伍相浮鴟夷屈子懷石自沉宜爲水神靈爽不泯划水仙者洋中危急不得近岸之所爲也海船在大洋中不啻一粟惟藉檣舵纜椗堅固庶幾乘波御風乃有倚賴忽遇颶風駭浪如山舵折檣傾纜斷底裂智力皆窮斯時惟有叩天求神而已爰有水神拯救之異余於臺郡遣二船赴雞籠淡水大風折舵船復中裂王君云森自分必死舟師告曰惟有划水仙可免遂披髮與

舟人共蹲舷間以空手作撥棹勢衆户假爲鉦鼓聲
如五日競渡狀頃刻抵岸衆喜幸生水仙之力也余
初不信曰偶然耳顧君敷公曰余曩居臺灣偶從澎
湖歸中流舟敗業已半沉共划水仙舟復浮出直入
鹿耳門有紅毛覆舟在焉竟度舟底久之有小舟來
救此舟乃沉若有人暗中持之者非神之力乎迨八
月初六日有陳君一艄自省中來半渡遭風舟底已
裂水入艎中鷁首欲俯而舵又中折艥轉巨浪中兀

亡之勢不可頃刻待有言划水仙者徒手撥之沉者忽浮破浪穿風疾飛如矢頃刻抵南嵌之白沙墩衆皆登岸得飯一盂稽首沙岸神未嘗不歆也陳君謂當時雖十帆並張不足喻其疾神之靈應如此

糠洋水面糠粃麤數寸蕈洋水面有物形如蕈厚尺許皆沫所成風濤鼓浪不消不徙自浙往日本者必過之

大崑崙山名在東京並南三十里與暹羅海港近明季海寇林道乾嘯聚

在鄭芝龍劉香老嘯聚據閩粵不遂又遍歷琉球呂宋暹羅東京交趾諸國無隙可乘因過此山見其風景特異欲留居之其山最高且廣四面平壤沃土五穀具備不種自生中國果木無一不有百卉爛熳四時皆春道乾率舟師結茅爲舍欲以據土爲國奈龍出無時風雨倏至屋宇人民多爲攝去海舟又傾蕩不可泊意其下必蛟龍窟宅不可居始棄去後之大年國名在暹羅西南攻得之今大年王是其裔也臺灣有老

人隨道乾至此山者尚能詳言之前鄭成功以臺灣稍險有卜居此山之意諮訪水程風景甚悉會病亡不果行

琉球在閩正東去中國不遠小弱且貧欲商船無貿易琉球者其王於諸國悉朝貢爲通貨貿易計諸國鄙其貧弱不萌侵奪之志彼反得以自安其於中國三歲一貢所貢硫黃皮紙而已其所携財貨惟螺與蚌殼螺可爲臟栗吹郎城頭曉角是蚌殼斷之可以

鑲帶又有紙扇烟筒其製陋劣人所不顧吾鄉俗語謂厭懀之物輙曰琉球言其陋也

日本郎古倭夷最强大諸國畏而朝之恃强不通朝貢夜郎自大由來久矣其國事將軍主之國君如贅疣垂拱而已故其國中構兵惟將軍是爭曾無弑主者以國柄非所操篡弑無益虛被惡名用得常守其國余謂琉球貧弱日本不聞國政其開創之主殆深黃老之學者乎刑最酷小過輙死死有四等一灌水

水滿腹則遍撻其身令水散入肢體又灌之如此者三楞然如砲膨脹而死一懸腸割人肛繫巨竹梢縱之腸盡出而死一活燒以罪人繫杙上圍繞乾柴四面舉火其人輾轉良久而死一倒懸殊不即死三四日後頭脹如斗五臟從口出而死故民皆畏法有道不拾遺風其先大西洋人覬覦其國以天主教惑之事露悉被夷戮今商船至此必問有無天主教人又鑄天主教像令人踐而登若誤攜一人往則以其船

牽置岸上盡納舟人於艎底焚之自此西洋人無敢復至日本者其與諸國通貿易處曰長崎島男女肉色最白中國人至彼暴露風日中猶能轉黑爲白婦人妍美如玉中國人多有流連喪身不歸者今長崎有大唐街皆中國人所居也

紅夷即荷蘭又曰紅毛一名波斯在西海外大西洋附庸也性貪狡能識寶器善貨殖重利輕生貿易無遠不至其船最大用板兩層斷而不削製極堅厚中

國人目爲夾板船其實圓木爲之非板也多巧思爲帆如蛛網盤旋八面受風無往不利在大洋中恃船帆巧常行刼盜使數人坐檣顛架千里鏡四面審視商船雖在百里外望見郎轉道逐之無得脫者常至日本貿易日本倭知其爲盜必使中國商船先歸計程已遠然後遣之其帆巧於逆風反拙於乘順凡物之巧者不能兼擅理固然也故遇紅毛追襲郎當轉舵隨風順行可以脫禍若仍行戧風鮮不敗者況彼

渡海輿記

船大如山小舟既畏其壓與戰又仰攻不便安能與抗彼既恃其長於諸國舟航一切易視常屢侵交趾交趾創爲小舟名曰軋音偃船長僅三丈船出水面不盈尺而頭尖銳彷彿競渡龍舟以二十四人操楫飛行水面欲退則變首爲尾進退惟意船中首尾各架紅衣巨礮附水施放攻其船底底破即沉於是大敗至今紅毛船過廣南見軋船出即膽落而去中國粵南半壁皆大洋不無侵擾之虞軋船之製亦所宜講

昔鄭成功攻取臺灣與紅毛構戰彼所長惟火器機發郎燃不勞點焠尺寸小物力侔巨礮外此則攻戰之理皆謬又足躡高底不便疾行多被殺傷臥不能起將卒前取其首輒爲鳥礮所中皆不敢近後覘其屍蓋兩脛間皆縛小礮以膝對人其礮自發居處之下必藏火藥事急輒發其機屋與人皆爲飛灰志不戮辱舟底亦然急則自燬帆檣之巧終不示人故諸國罕有能效其製者昔有紅毛船遭風誤過半線洋

遇淺船膠彼知無復去理乃以布帆圍蔽其舟郎於舟中另造小船三日而成鄭氏視爲釜魚方集戰艦攻之彼悉登小船揚帆而去良久機發大船自焚人服其巧又舟中百物俱備造作小船需用物料不假外求眞不可及

西洋國在西海去中國極遠其人四目隆準狀類紅毛最多心計又具堅忍之志析理務極精微推測象緯曆數下逮器用小物莫不盡其奇奥用心之深將

奪造化之秘苟有所爲則靜坐默想父死不遂子孫繼之一世不成十世爲之既窮其妙必使國人共習而守之務爲人所難爲其先世多有慧人入中國竊得六書之學又有麗馬豆者能過目成誦終身不忘明季來中國三年遍交海內文士於中國書無所不讀多市典籍歸教其國人悉通文義創爲七克等書所言雖孝弟慈讓其實似是而非又雜載彼國事實以濟其天主教之邪說中國人被惑多歸其教者凡

各省郡縣皆有天主堂扃閉甚密外人不得窺見所有不耕不織所用自饒皆以誘人入教爲務謂之化人彼國多產白金自明時已竊處粵之香山澳轉送各省天主堂資其所用京師天主堂屋宇宏麗垣墻周複叉製爲風琴自鳴鐘刻漏渾天儀諸器巧奪天工爲費不可量窮年積歲製造不輟不藉中國一錢余謂紅毛番邇西洋自是同類英圭黎咬𠺕吧皆西洋小國宜爲兼幷不足深怪獨怪呂宋在東洋外遠

遏中國萬里亦爲所踞此其心寧有厭足乎閩人多
有逐利吕宋者謂紅毛政令一如西洋之法分吕宋
地爲二十四郡有西洋化人共操其柄禁民不得晝
作必使晝寢夜興又寢室不容閉戶夫婦共寢榻上
邏者時時遶榻前偵覼有女及笄父母不得主婚必
候巴黎按選僧曰巴黎其稍有姿者率爲巴黎所留色衰
放歸始令擇配人死不得殮埋假度亡之説舁至萬
人坑積久坑溢揚灰棄之民有財歲與中分四歲之

後十不存一矣禁晝作防其叛也歲分其財務貧其民使不得爲所欲爲也死者不令瘞埋恐山川毓靈欲無復生英傑與爭國也

日本復見在中國正東自南言之去中國甚遠由寧波渡海水程三十五更北接朝鮮朝鮮去遼陽寥邇既渡鴨綠便可馳驛而往與中國在斷續間謂之連屬亦可

臺灣復見南北三千里東西三百里去厦門水程十一

更中有澎湖爲泊宿地處東南四達之海東西南北惟意之適實海疆要地也

宇內形勢

中華之地道里雖廣以天樞揆之偏在東南而東南半壁又皆海也自遼陽爲中國東北極際緣海而南爲天津次山東之登萊青三郡有沙門等五島與遼東朝鮮相望一帆可郎次膠州次江北安東縣黃河之水由此入海次狼山楊子江出焉次崇明上海爲

安淞三泖震澤諸水所歸次浙江之柘浦海鹽次錢塘次寧波府有舟山廣八百里今爲定海縣又有普陀巖觀世音香刹在焉次台溫次沙城爲浙閩之交過此爲福寧州次閩安鎮是閩省門戶次興泉漳三郡泉漳間有金廈門二山各廣數百里商船通外洋諸國者悉由廈門出入漳與粤隣漳之南曰南澳屬粤潮郡次惠州次香山澳次高雷廉渡海港爲瓊之南爲厓爲岡皆粤東地自遼陽至此中國南面已

蓋瓊崖之間實爲東南隅緣海轉西則爲中國之南面矣盡粵東地而西爲粵西更西爲貴州省又更西爲雲南省雲南者中國西南隅也然雲貴盡處不盡於海而盡於山崇山複嶺猓猓苗夷所居又有緬甸國皆瘴癘害人人不能入而海港亦斷於粵西未達雲貴也自瓊崖間渡海港而南水程七更抵東京國名本交趾地明黎氏爲外家所據港另爲一國東京又渡海港十二更抵安南安南即古交趾國東京安南西海港自港口橫渡

雖甚廣漸西郎隘而海亦止蓋海之支汊也故東京
交趾山川實與貴州雲南連屬不斷漢伏波將軍征
交趾立銅柱不以海爲限而以分茅嶺爲限則接壤
可知交趾山南曰東埔寨曰暹羅曰六崑曰大年曰
柔佛曰麻六甲凡六國皆與中國連中國以其鄙遠
棄而不收麻六甲爲西南盡處惟北連中國餘三面
皆海凡海船由厦門直指南離至東京水程七十更
安南七十二更暹羅一百八十更漸偏而西歷六崑

大年又轉北過柔佛始抵麻六甲水程二百更至此約已轉出雲南緬甸後矣雖曰海道皆依山而行實未嘗渡海也自麻六甲渡海斜指西北四十更爲咬𠺕叭音葛臘八始渡西海咬𠺕叭西北爲啞齊產黃金鑿石取之其形方正不假鎔煉其主無嗣以女繼統迄今猶係女主啞齊之外中國舟船不得往相傳尚有英圭黎名英圭立產西洋布嗇文蓆玻璃器皿哆囉呢嗶吱與咬𠺕叭等而皆優於咬𠺕叭荷蘭國郎紅毛大西洋等國皆在西海外莫可究詰只就咬𠺕叭言其山最大又最遠自咬𠺕

叭綿亘而南爲萬丹又極南萬里爲馬神皆産胡椒蘇木沉速黄檀諸香白馬神轉東迤北爲文萊一無所産極陋極貧爲蘇祿産大珠有重三五錢者然少光澤中國人名爲淺水珠爲呂宋山至此又在中國極東海外萬里矣又轉北爲文武樓山以迄呂宋海舶欲至馬神者仍行安南水道既至咬𠺕叭依山而南過萬丹達馬神水程四百六十更非故紆其途也以南海水道未諳不敢渡耳往呂宋者由厦門渡澎湖循臺灣南沙馬磯斜指東巽方經謝昆尾山大小

覆釜山遶出東北計水程七十二更往蘇祿者從覆
釜直指東南水程一百四十更計自咬𠺕吧從西北
游中至極南又轉極東再囘東北迄於呂宋連山不
斷蜿蜒數萬里較中國遼陽至雲南海道遠過倍蓰
惜其割裂分據不能一統而城郭人民又無幾也
以上諸國皆有商船往來貿易其山川道里風景人
物土產皆得悉知之惟荷蘭大西洋遠在西海外相
傳有黑洋晝夜如墨人不能往商船不過至咬𠺕吧

而止咬𠺕吧本非荷蘭特爲紅毛所占設官分土不知者因目爲紅毛英圭黎亦然荷蘭人鷙悍狡獪大西洋又甚焉近歲呂宋亦爲紅毛所據分土番爲二十四郡紅毛與西洋人雜治之故荷蘭者大西洋之附庸也

雞籠山下八湍流奔騰迅駛凡若干日抵一山得暫泊此處有蛇妖噉人雄黃可解

凡出海舟論遠近解毒諸藥食物等件皆宜多備

臺郡番境歌

鐵板沙連到七鯤安平城傍自一鯤身至七鯤身皆沙岡極堅如石舟若犯之立碎鯤身作浪海天昏任教巨舶難輕犯天險生成鹿耳門

雪浪排空小艇橫渡船皆小紅毛城勢獨崢嶸郎安渡頭平城更上牛車坐沙堅水淺小艇不能達岸必藉牛車挽之日暮還過赤嵌城

編竹為垣取次增衙齋清暇冷如冰風聲撼醒三更夢帳底斜穿遠浦燈無牆故也

耳畔時聞軋軋聲牛車乘月夜中行夢回幾度疑吹角更有牀頭蝘蜓鳴音偃殄郎守宮也善鳴聲似黃雀

蔗田萬頃碧萋萋一望蘢葱路欲迷細載都來糖蔀裏煎糖處祗留蔗葉養羣犀蔗梢飼牛

青蒼大葉似枇杷朧腫枝頭著白花番花葉似枇杷五瓣色白大本朧腫枝必三叉看到花心黃欲滴家家一樹倚籬笆花心深黃色摘累三日不殘香如梔子

芭蕉幾樹[illegible]墻陰結實如垂冷沁心蕉實形似肥皂排偶而生一枝

滿百可垂十肪性極寒不爲臨池堪代紙因貪結子種成林

檳樹淩霄不作枝檳樹無枝直上遍垂垂青子任纍體龍鱗葉同鳳尾披形似羊棗又稱羊棗檳榔摘來還共蔞根嚼嬴得唇間盡染脂

惡竹參差透碧霄叢生如棘任風搓那堪節節都生刺把臂林間血已漂自根至篠及葉節節生倒刺察之皆根也故此竹植地郎生

不是哀梨不是楂酸香滋味似甜瓜枇杷不見黃金果番樣何勞向客誇番樣生大樹上形如茄子夏熟臺人珍之

肩披鬒髮耳垂璫粉面朱唇似女郎梨園子弟垂髫穴耳傅粉施朱

馬祖宮前鑼鼓鬧（近赤嵌城海船多於此演劇酬愿）咮㗖唱出下南腔（漳泉二府聲律）

臺灣西向俯汪洋東望層巒千里長（臺西臨大海與中國閩廣之門相對東則層巒疊嶂為野番窟宅人不能入）一片平沙皆沃土（出外平壤皆沃土）誰爲長慮教耕桑

生來曾不識衣衫裸體年年耐歲寒犢鼻也知難免俗烏青三尺是圍闌（烏青布名）

文身舊俗是雕青背上盤旋鳥翼形一變又爲文豹

[illegible]半綫以北胸背皆作豹文蛇神牛鬼共猙獰

男兒待字早離娘有子成童任遠颺不重生男重生

女家園原不與兒郎番俗以壻為嗣有子不得承業故不知姓氏

番兒大耳是奇觀少小都將兩耳鑽截竹塞輪輪漸

大如錢如椀復如盤番兒以耳大者為豪立則垂肩行則撞胸

丫髻三叉似幼童髮根偏愛繫紅絨出門又插文禽

尾陌上飄飄各鬬風

覆額齊眉繞亂莎不分男女似頭陀半綫以北男女之髮皆覆額

晩來女伴臨溪浴番婦老幼每日暮必浴溪中隊隊鸕鷀蕩綠波

鑪背雕螺各畫工陸離斑駮碧兼紅番兒項下重重遶客至疑過繡領官

銅箍鐵鐲儼形人鬭怪爭奇事事新多少丹青摹變相畫圖那得似生成

老翁似女女如男混沌無分總一般口角有鬚皆拔盡看來盡是婦人顏

腰下人人插短刀朝朝磨礪可吹毛殺人屠狗諸般

用纔罷樵薪又索綯

耕田鑿井自艱辛綫恶何曾卬比隣搆屋斷輪還結網百工俱備一人身

輕身捷足似猿猱編竹爲籠束細腰番以射獵爲生腰大則走不疾故爲籠束之

等得吹簫尋鳳侶從今割斷伴妖嬈結褵之夕斷之

女兒纔到破瓜時阿毋忙爲搆室居吹得鼻簫能合調任他自擇可人兒

只須嬌女得歡心那教堂開孔雀屏既得歡心纔挽

手更加鑿齒訂姻盟

髮鬖鬖不作緺常將兩手自梳爬飛蓬畢世無膏

沐一樣綢繆自室家

作酒番婭有妙方口將生米嚼成漿竹筒爲甕牀頭

挂客至開筒勸客嘗

夫携弓矢婦鋤耰無褐無衣不解愁番罽一圍聊

體雨來還有鹿皮兜鹿皮藉地爲具遇雨覆體